新能源系列——光伏发电技术及应用专业规划教材

光伏发电系统集成与设计

GUANGFU
FADIAN XITONG
JICHENG YU SHEJI

廖东进　黄建华　主编
张存彪　副主编

化学工业出版社
·北京·

本书从光伏发电系统建设岗位群出发，主要介绍光伏电站建设的可行性分析、光伏电池方阵设计、蓄电池容量设计、光伏控制器选配、光伏逆变器选配、光伏电力系统结构设计等内容，最后介绍了清洁能源项目分析软件 RETScreen 在光伏发电系统分析中的应用。

本书可作为光伏发电技术等相关专业核心课程的教材，也可供相关企业人员参考学习。

图书在版编目（CIP）数据

光伏发电系统集成与设计/廖东进，黄建华主编. —北京：化学工业出版社，2013.8（2023.8 重印）
（新能源系列——光伏发电技术及应用专业规划教材）
ISBN 978-7-122-17803-9

Ⅰ.①光… Ⅱ.①廖…②黄… Ⅲ.①太阳能发电-系统工程-系统设计-教材 Ⅳ.①TM615

中国版本图书馆 CIP 数据核字（2013）第 144210 号

责任编辑：刘 哲　　装帧设计：韩 飞
责任校对：边 涛

出版发行：化学工业出版社（北京市东城区青年湖南街 13 号 邮政编码 100011）
印　　装：天津盛通数码科技有限公司
787mm×1092mm 1/16 印张 10¾ 字数 267 千字 2023 年 8 月北京第 1 版第 4 次印刷

购书咨询：010-64518888　　售后服务：010-64518899
网　　址：http://www.cip.com.cn
凡购买本书，如有缺损质量问题，本社销售中心负责调换。

定 价：28.00 元

前 言

太阳能资源丰富，分布广泛，开发利用前景广阔。太阳能发电作为太阳能利用的重要方式，已经得到世界各国的普遍关注。近几年，太阳能发电技术进步很快，产业规模持续扩大，发电成本不断下降，在全球已实现较大规模应用。在国际市场的带动下，我国太阳能光伏产业发展迅速，在光伏技术和成本上均已具有一定的国际竞争力。从发展趋势看，太阳能发电即将成为技术可行、经济合理、具备规模化发展条件的可再生能源，对实现我国合理控制能源消费总量、实现非化石能源目标有着重要作用。

从国内光伏发电装机容量上看，2009 年装机不到 300MW，2010 年装机约 500MW，2011 年装机约 2.8GW，2012 年装机约 5GW。国家太阳能发电“十二五”发展规划提到，计划到 2015 年底，我国太阳能发电装机容量达到 2100 万千瓦以上，年发电量达到 250 亿千瓦时。重点在中东部地区建设与建筑结合的分布式光伏发电系统，建成分布式光伏发电总装机容量 1000 万千瓦。而且随着不可再生能源的不断消耗和国家对能源不断增长的需求下，在未来的 10 年中，每年装机容量将急剧增加，可见光伏发电已进入市场，人才需求将非常急缺。

从光伏发电系统建设岗位群出发，本书主要包括光伏电站建设的可行性分析、光伏电池方阵设计、蓄电池容量设计、光伏控制器选配、光伏逆变器选配、光伏电力系统结构设计等内容，最后介绍了清洁能源项目分析软件 RETScreen 在光伏发电系统分析中的应用。

全书分为 9 个项目，其中项目 1～项目 3 由衢州职业技术学院廖东进编写；项目 4 和项目 5 由湖南理工职业技术学院黄建华编写；项目 6 和项目 7 由湖南理工职业技术学院张存彪编写；项目 8 由武威职业学院胡建宏编写；项目 9 由济南工程职业技术学院张培明编写。全书由衢州职业技术学院廖东进统稿，衢州职业技术学院黄云龙教授主审。

由于编者水平有限，书中定会有不足之处，诚恳欢迎读者批评指正。

编者

2013 年 5 月

目 录

项目 1

太阳能光伏系统认识

[学习目标]

知识目标	能力目标
了解中国光伏产业的现状和面临的问题； 掌握光伏发电的优缺点； 掌握光伏发电的应用类型； 掌握光伏发电系统的结构组成、各组成部件功能和特点； 掌握独立光伏发电系统的结构和类型； 掌握并网光伏发电系统的结构和类型	能分析中国光伏产业的现状及遇到的问题； 能分析光伏发电的优缺点； 能分析独立光伏发电系统组成及功能； 能分析并网光伏发电系统组成及功能； 能组装最小太阳能光伏发电系统

[案例提示]

在日常生产中，太阳能应用系统越来越多，比如太阳能计算器、太阳能手机充电器、太阳能交通警示器、太阳能玩具以及大型光伏电站（图 1-1）等。太阳能应用系统有简单和复杂系统之分，例如最小的太阳能光伏发电应用系统只包含光伏电池和负载，而复杂的太阳能光伏发电系统包括光伏电池方阵、控制器、蓄电池、逆变器、汇流箱、低压柜、高压柜、防雷器、系统检测设备等部件。不管何种太阳能光伏系统，从其应用类型来看，主要分为独立光伏发电系统和并网光伏发电系统，按照其应用特殊环境，又可以再进行细分。在不同的应用环境和条件下，光伏发电系统结构各有不同。

太阳能玩具

大型光伏电站

图 1-1 太阳能应用

1.1 太阳能光伏发电的应用及特点

1.1.1 光伏发电应用

[任务目标]

① 了解光伏发电的应用领域。

② 掌握光伏发电的主要应用方式。

③ 了解我国光伏发电“十二五”发展规划的方向及目标。

[任务描述]

我国是太阳能光伏电池生产大国，从 2007 年开始，电池组件产量一直是全球第一，但从市场应用角度来看，我国太阳能光伏应用所占比重较小。从光伏发电系统的应用来看，主要面向光伏电子产品和光伏电站建设领域。

[案例引导] 组装太阳能小车

序　号	规　格	图　样
光伏电池板	电压：5V；电流：100mA	
直流电机	驱动电压 3.6V	
小车套件	—	

思考：描述太阳能小车工作情况。

[任务实施]

(1) 光伏发电的主要应用领域

与我国飞速发展的光伏制造业相比，光伏应用领域的前进步伐明显滞后。从当前光伏发电应用领域来看，主要应用于工业、农业、科技、国防及人们生活的方方面面，如图 1-2 所示。预计到 21 世纪中叶，太阳能光伏发电将成为重要的发电方式，在可再生能源结构中将占有一定比例。

太阳能光伏发电的主要应用领域如下。

① 在通信领域的应用。主要包括无人值守微波中继站，光缆通信系统及维护站，移动通信基站，广播、通信、无线寻呼电源系统，卫星通信和卫星电视接收系统，农村程控电话、载波电话光伏系统，小型通信机，部队通信系统，士兵 GPS 供电等。

② 在公路、铁路、航运等交通领域的应用。如铁路和公路信号系统，铁路信号灯，交通警示灯、标志灯、信号灯，公路太阳能路灯，太阳能道钉灯、高空障碍灯，高速公路监控系统，高速公路、铁路无线电话亭，无人值守道班供电，航标灯灯塔和航标灯电源等。

③ 在石油、海洋、气象领域的应用。如石油管道阴极保护和水库闸门阴极保护太阳能

图 1-2 太阳能应用实例

电源系统，石油钻井平台生活及应急电源，海洋检测设备，气象和水文观测设备，观测站电源系统等。

④ 在农村和边远无电地区的应用。在高原、海岛、牧区、边防哨所等农村和边远无电地区应用太阳能光伏户用系统、小型风光互补发电系统等，解决了日常生活用电问题，如照明、电视、收录机、DVD、卫星接收机等的用电，也解决了手机、手电筒等随身小电器充电的问题，发电功率大多在几瓦到几百瓦。应用1～5kW的独立光伏发电系统或并网发电系统，作为村庄、学校、医院、饭馆、旅社、商店等的供电系统。应用太阳能光伏水泵，解决了无电地区的深水井饮用、农田灌溉等用电问题。另外，还有太阳能喷雾器、太阳能电围栏、太阳能黑光灭虫灯等应用。

⑤ 在太阳能光伏照明方面的应用。太阳能光伏照明包括太阳能路灯、庭院灯、草坪灯，太阳能景观照明，太阳能路标标牌、信号指示、广告灯箱照明等，还有家庭照明灯具及手提灯、野营灯、登山灯、垂钓灯、割胶灯、节能灯、手电等。

⑥ 大型光伏发电系统（电站）的应用。大型光伏发电系统（电站）是10kW～200MW的地面独立或并网光伏电站、风光（柴）互补电站、各种大型停车场充电站等。

⑦ 太阳能光伏建筑一体化并网发电系统（BIPV）。BIPV将太阳能发电与建筑材料相结合，充分利用建筑的屋顶和外立面，使得大型建筑能实现电力自给、并网发电，这将是今后的一大发展方向。

注： 建筑与光伏系统相结合（BAPV）是光伏与建筑相结合的第一步，是将现成的平板式光伏组件安装在建筑物的屋顶等处，引出端经过逆变器和控制器装置与电网连接，由光伏系统和电网并联向用户供电，多余电力向电网反馈。

⑧ 太阳能电子商品及玩具的应用。包括太阳能收音机、太阳能钟、太阳能充电器、太阳能手表、太阳能计算器、太阳能玩具等。

⑨ 其他领域的应用。包括太阳能电动汽车，电动自行车，太阳能游艇，电池充电设备，太阳能汽车空调、换气扇、冷饮箱等；还有太阳能制氢加燃料电池的再生发电系统，海水淡

化设备供电，卫星、航天器、空间太阳能电站等。

(2) 光伏发电应用主要方式

① 太阳能光电建筑应用示范项目

2009 年 3 月财政部印发了《太阳能光电建筑应用财政补助资金管理暂行办法》的通知，推动太阳能光电建筑应用示范项目的发展。主要内容包括如下。

a. 建材型、构件型项目：补贴不超过 20 元/瓦。

b. 安装型项目：补贴不超过 15 元/瓦。

c. 单项工程应用装机容量不小于 50kW。

d. 转换效率要求：单晶硅组件超过 16%，多晶硅超过 14%，非晶硅超过 6%。

② 金太阳示范工程

2009 年 7 月 16 日，财政部、科技部和国家能源局下发了《关于实施金太阳示范工程的通知》，支持光伏发电技术在各类领域的示范应用及关键技术产业化。主要内容包括以下 5 项。

a. 2009～2011 年，原则上每省总规模不超过 20MW。

b. 单个项目装机容量不低于 300kW。

c. 业主总资产不少于 1 亿元。

d. 主要设备通过认证。

e. 并网项目补 50%，独立光伏项目补 70%。

在金太阳示范工程和太阳光电建筑应用示范工程实施一段时间后，针对实施过程中出现的问题，财政部、科技部、住房城乡建设部和国家能源局于 2010 年 9 月发布了《关于加强金太阳示范工程和太阳能光电建筑应用示范工程建设管理的通知》，重新规定了关键设备统一招标、示范项目选择和调整和补贴标准的相关细则。

③ 大型并网光伏电站

自 2009 年起，我国政府开始采取特许权招标的办法。2009 年公开招标了 14 座大型并网光伏电站，总装机规模达 290MW。

(3) 我国光伏发电发展目标

根据《太阳能发电发展“十二五”规划》，到 2015 年底，我国太阳能发电装机容量将达到 2100 万千瓦以上，年发电量达到 250 亿千瓦时。重点在中东部地区建设与建筑结合的分布式光伏发电系统，建成分布式光伏发电总装机容量 1000 万千瓦。在青海、新疆、甘肃、内蒙古等太阳能资源和未利用土地资源丰富的地区，以增加当地电力供应为目的，建成并网光伏电站总装机容量 1000 万千瓦。以经济性与光伏发电基本相当为前提，建成光热发电总装机容量 100 万千瓦。具体如表 1-1 所示。

表 1-1 《太阳能发电发展“十二五”规划》 单位：万千瓦

发电类别	2010 年	2015 年		2020 年
1. 太阳能电站	45	1100		2300
光伏电站	45	1000	在青海、甘肃、新疆、内蒙古、西藏、宁夏、陕西、云南，以及华北、东北的部分适宜地区建设一批并网光伏电站。结合大型水电、风电基地建设，按风光互补、水光互补方式建设一批光伏电站	2000
光热电站	0	100	在太阳能日照条件好、可利用土地面积广、具备水资源条件的地区，开展光热发电项目的示范	300

续表

发电类别	2010年	2015年		2020年
2. 分布式光伏发电系统	41	1000	在中东部地区城镇工业园区、经济开发区、大型公共设施等建筑屋顶相对集中的区域，建设并网光伏发电系统。 在西藏、青海、甘肃、陕西、新疆、云南、四川等偏远地区及海岛，采用独立光伏电站或户用光伏系统，解决电网无法覆盖地区的无电人口用电问题。扩大城市照明、交通信号等领域光伏系统应用	2700
合计	86	2100		5000

思考题

1. 从当前光伏发电应用领域及我们在日常生活中的所见，你认为光伏发电可以在哪些应用领域或应用产品中被使用。

2. 通过资料查找，了解我国2009年、2010年、2011年、2012年光伏发电装机容量分别为多少？

3. 分析MW、kW及kW·h单位间的关系。

1.1.2 光伏发电特点

[任务目标]

掌握光伏发电优缺点，能分析光伏发电系统实施的可行性。

[任务描述]

从太阳能光伏发电成本来看，大型光伏发电成本接近1元/kW，独立（离网）光伏发电系统是其2~5倍左右。所以从光伏发电成本来看，其光伏发电系统竞争力不大，但从环境影响、应用灵活性等角度出发，光伏发电有其独特优势。掌握光伏发电的优缺点，是正确分析与实施光伏发电系统的前提。

[案例引导] 太阳能路灯系统分析

从太阳能路灯应用出发，分析太阳能路灯在实际生活中的作用及存在的问题，并填入下表（填写认为最重要的三点依据）。

太阳能路灯系统	
优　点	缺　点

[任务实施]

(1) 光伏发电优点分析

与风力发电和生物质能发电等新型发电技术相比，光伏发电是一种最具可持续发展理想特征（最丰富的资源和最洁净的发电过程）的可再生能源发电技术，其主要优点如下。

① 太阳能资源取之不尽，用之不竭，照射到地球上的太阳能要比人类目前消耗的能量

大6000倍，而且太阳能在地球上分布广泛，只要有光照的地方就可以使用光伏发电系统，不受地域、海拔等因素的限制。

② 太阳能资源随处可得，可就近供电，不必长距离输送，避免了长距离输电线路所造成的电能损失。

③ 光伏发电的能量转换过程简单，是直接从光子到电子的转换，没有中间过程（如热能转换为机械能、机械能转换为电磁能等）和机械运动，不存在机械磨损。根据热力学分析，光伏发电具有很高的理论发电效率，可达80%以上，技术开发潜力巨大。

④ 光伏发电本身不使用燃料，不排放包括温室气体和其他废气在内的任何物质，不污染空气，不产生噪声，对环境友好，不会遭受能源危机或因燃料市场不稳定而造成的冲击，是真正绿色环保的新型可再生能源。

⑤ 光伏发电过程不需要冷却水，可以安装在没有水的荒漠戈壁上。光伏发电还可以很方便地与建筑物结合，构成光伏建筑一体化发电系统，不需要单独占地，可节省宝贵的土地资源。

⑥ 光伏发电无机械传动部件，操作、维护简单，运行稳定可靠。一套光伏发电系统只要有光伏电池组件就能发电，加之自动控制技术的广泛采用，基本上可实现无人值守，维护成本低。

⑦ 光伏发电系统工作性能稳定可靠，使用寿命长（30年以上）。晶体硅光伏电池寿命可长达20～35年。在光伏发电系统中，只要设计合理、选型适当，蓄电池的寿命也可长达10～15年。

⑧ 光伏电池组件结构简单，体积小，重量轻，便于运输和安装。光伏发电系统建设周期短，而且根据用电负荷，容量可大可小，方便灵活，极易组合、扩容。

(2) 光伏发电缺点分析

① 能量密度低。尽管太阳投向地球的能量总和极其巨大，但由于地球表面积也很大，而且地球表面大部分被海洋覆盖，真正能够到达陆地表面的太阳能只有到达地球范围辐射能量的10%左右，致使在陆地单位面积上能够直接获得的太阳能量较少。通常以太阳辐照度来表示，地球表面最高值约为1.2kW·h/m^2，且绝大多数地区和大多数的日照时间内都低于1kW·h/m^2。太阳能的利用实际上是低密度能量的收集、利用。

② 占地面积大。由于太阳能能量密度低，就使得光伏发电系统的占地面积会很大，每10kW光伏发电功率占地约需100m^2，平均每平方米面积发电功率为100W。随着光伏建筑一体化发电技术的成熟和发展，越来越多的光伏发电系统可以利用建筑物、构筑物的屋顶和立面，将逐渐克服光伏发电占地面积大的不足。

③ 转换效率低。光伏发电的最基本单元是光伏电池组件。光伏发电的转换效率指的是光能转换为电能的比率。目前晶体硅光伏电池转换效率为13%～17%，非晶硅光伏电池只有6%～8%。由于光电转换效率太低，从而使光伏发电功率密度低，难以形成高功率发电系统。因此，光伏电池的转换效率低是阻碍光伏发电大面积推广的瓶颈。

④ 间歇性工作。在地球表面，光伏发电系统只能在白天发电，晚上不能发电，除非在太空中没有昼夜之分的情况下，光伏电池才可以连续发电，这和人们的用电需求不符。

⑤ 受气候环境因素影响大。太阳能光伏发电的能源直接来源于太阳光的照射，而地球表面上的太阳照射受气候的影响很大。长期的雨雪天、阴天、雾天甚至云层的变化，都会严重影响系统的发电状态。另外，环境因素的影响也很大。比较突出的一点是，空气中的颗粒物（如灰尘）等降落在光伏电池组件的表面，阻挡了部分光线的照射，这样会使电池组件转

换效率降低，从而造成发电量减少。

⑥ 地域依赖性强。地理位置不同，气候不同，使各地区日照资源相差很大。光伏发电系统只有应用在太阳能资源丰富的地区，其效果才会好。

⑦ 系统成本高。由于太阳能光伏发电的效率较低，到目前为止，光伏发电的成本仍然是其他常规发电方式（如火力和水力发电）的几倍，这是制约其广泛应用的最主要因素。但是随着光伏电池产能的不断扩大及电池片光电转换效率的不断提高，光伏发电系统的成本也下降得非常快。光伏电池组件的价格几十年来已经从最初的每瓦 70 多美元下降至目前的每瓦 2.5 美元左右。

⑧ 晶体硅电池的制造过程高污染、高能耗。晶体硅电池的主要原料是纯净的硅。硅是地球上含量仅次于氧的元素，其主要存在形式是沙子（二氧化硅）。从沙子变成含量为 99.9999%以上纯净的晶体硅，期间要经过多道化学和物理工序的处理，这不仅要消耗大量能源，还会造成一定的环境污染。

尽管太阳能光伏发电存在上述不足，但是随着能源问题越来越重要，大力开发可再生能源仍将是解决能源危机的主要途径。

思考题

1. 分析归纳光伏发电的优缺点。
2. 从太阳能手机充电器应用角度出发，谈谈光伏发电的优缺点。

1.2 光伏发电系统认识

1.2.1 光伏发电系统工作方式

[任务目标]

掌握光伏发电的工作原理及独立光伏发电系统、并网光伏发电系统的运行模式特点及系统结构组成。

[任务描述]

太阳能是光伏发电系统能量的来源，按照实际光伏发电系统应用结构来分，可以分为独立光伏发电系统和并网光伏发电系统，按照光伏发电系统类型分类和功能要求，每种光伏发电系统结构有其不同的结构。从光伏发电系统应用出发，首先就是对该系统的应用模式进行选择，了解各种工作模式下的系统组成。

[案例引导] 独立光伏发电系统与并网光伏发电系统的组成

分析现有实训装备中的“太阳能路灯系统”、“2kW 并网发电系统”系统结构，填写下表，并绘制其系统结构框图。

“太阳能路灯系统”结构组成	“2kW 并网发电系统”结构组成

[任务实施]

[典型案例] 太阳能路灯应用

太阳能路灯因其稳定性、节能性、安全性、方便性、长寿命性、可移性、动智能性等优点，在实际生活中被广泛应用。太阳能路灯的工作原理是利用太阳能组件吸收太阳光并转换为电能，通过控制器存储到蓄电池中，当夜晚来临时（或天空亮度不够时）控制器再控制蓄电池给高效节能 LED 灯光源供电，实现环境照明。表 1-2 为太阳能路灯的系统配置，图 1-3 所示为其系统结构。

表 1-2 太阳能路灯系统配置

名称	规格	数量	说 明
电池板	80W/块	2	单晶硅，高转换率，高透光度钢化玻璃，厚 3.2mm，进口 TPT\EVA。寿命 25 年
蓄电池	80AH/只	2	胶体蓄电池，太阳能专用，寿命 5 至 8 年
控制器	10A	1	多种功能，防过充、过放，光控开，时控关，寿命 5 年；风光互补型控制器
灯头	LED40W	1	灯具为一号灯具，采用单颗集成式，美国普瑞芯片

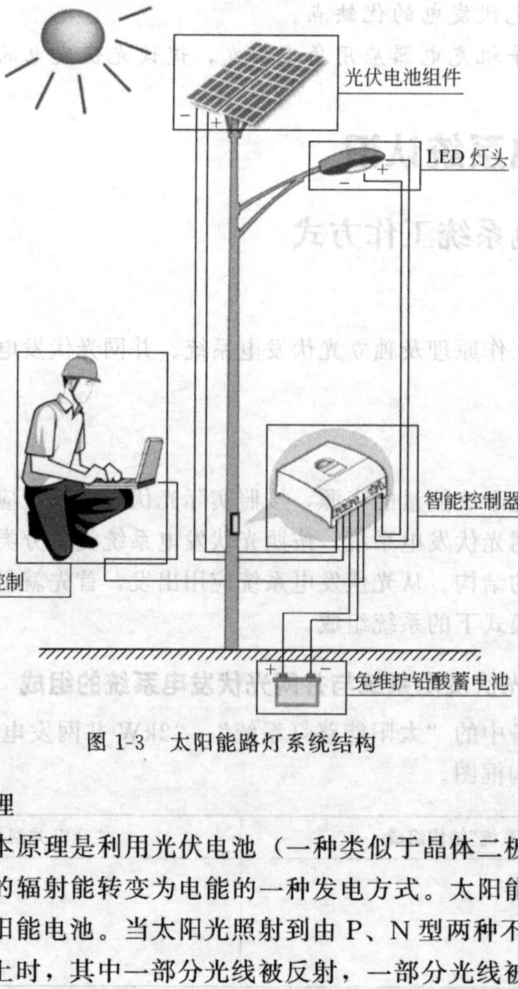

图 1-3 太阳能路灯系统结构

(1) 光伏电池发电原理

太阳能光伏发电的基本原理是利用光伏电池（一种类似于晶体二极管的半导体器件）的光生伏打效应直接把太阳的辐射能转变为电能的一种发电方式。太阳能光伏发电的能量转换器就是光伏电池，也叫太阳能电池。当太阳光照射到由 P、N 型两种不同导电类型的同质半导体材料构成的光伏电池上时，其中一部分光线被反射，一部分光线被吸收，还有一部分光线透过了电池片。被吸收的光能激发被束缚的高能级状态下的电子，产生电子-空穴对，在PN结的内建电场作用下，电子、空穴相互运动（图1-4），N区的空穴向P区运动，P区的电子向N区运动，这使光伏电池的受光面有大量负电荷（电子）积累，而在电池的背光面有大量正电荷（空穴）积累。若在电池两端接上负载，负载上就有电流通过。当光线一直照射时，负载上将有电流源源不断地流过。

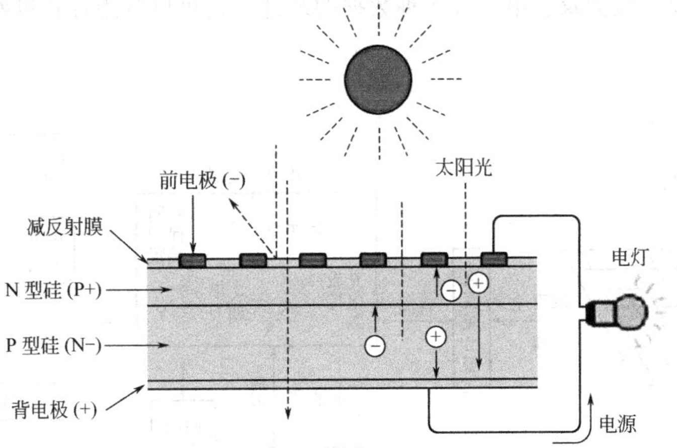

图1-4 光伏发电原理示意图

单片光伏电池就是一个薄片状的半导体PN结。标准光照条件下，额定输出电压为0.48V。为了获得较高的输出电压和较大的功率容量，往往要把多片光伏电池连接在一起使用。光伏电池的输出功率是随机的，不同时间、不同地点、不同安装方式下，同一块光伏电池的输出功率也是不同的。

太阳能光伏发电系统根据其运行模式，分为独立光伏发电系统和并网光伏发电系统。

（2）独立光伏发电系统

独立光伏发电系统的工作原理如图1-5所示。太阳能光伏发电的核心部件是光伏电池板，它将太阳光的光能直接转换成电能，并通过控制器把光伏电池产生的电能存储于蓄电池中。当负载用电时，蓄电池中的电能通过控制器被合理地分配到各个负载上。光伏电池所产生的电流为直流电，可以直接以直流电的形式应用，也可以用交流逆变器将其转换成交流电，供交流负载使用。光伏发电的电能可以即发即用，也可以用蓄电池等储能装置将电能存储起来，在需要时使用。

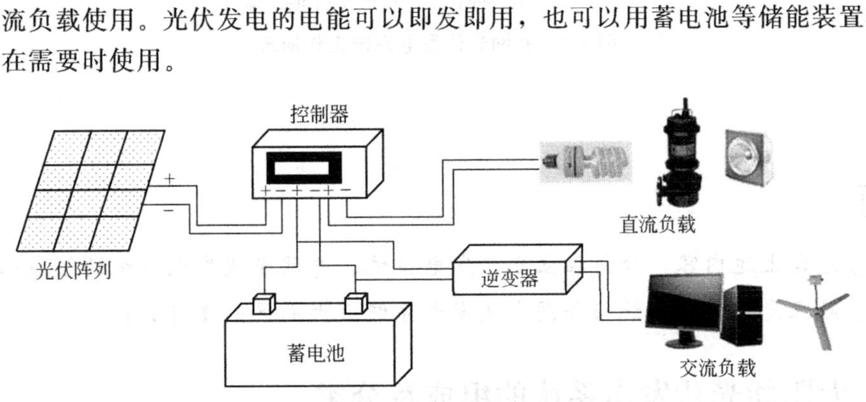

图1-5 独立光伏发电系统工作原理

（3）并网光伏发电系统

图1-6是并网光伏发电系统工作原理示意图。并网光伏发电系统由光伏电池组件方阵将

光能转变成电能，并经直流配线箱进入并网逆变器。有些类型的并网光伏系统还要配置蓄电池组存储直流电能。并网逆变器由充放电控制、功率调节、交流逆变器、并网保护装置等部分构成。经逆变器输出的交流电供负载使用，多余的电能通过电力变压器等设备馈入公共电网（可称为卖电）。当并网光伏发电系统因天气原因发电不足或自身用电量偏大时，可由公共电网向交流负载供电（称为买电）。系统还配备有监控、测试及显示系统，用于对整个系统工作状态的监控、检测及发电量等各种数据的统计，还可以利用计算机网络系统远程传输控制和显示数据。

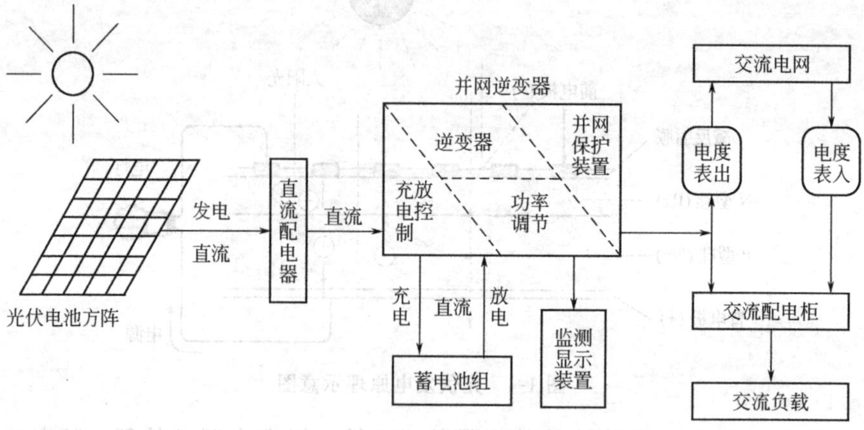

(a) 并网光伏发电系统工作原理框图

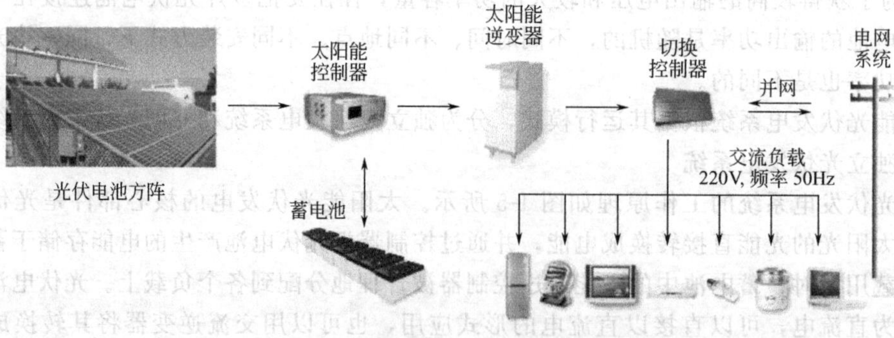

(b) 并网光伏发电系统工作原理案例

图 1-6 并网光伏发电系统工作原理

思考题

1. 结合上述内容，分析独立光伏发电系统、并网光伏发电系统的组成结构。

2. 独立光伏发电系统与并网光伏发电系统最大的区别是什么？

1.2.2 太阳能光伏发电系统的组成及分类

［任务目标］

掌握光伏发电系统各部件功能及光伏发电的典型应用与系统特征。

[任务描述]

光伏发电系统一般由光伏电池组件、蓄电池、光伏控制器、逆变器及交流输配电系统等部件组成。按照不同的应用，可采用不同的物理结构和不同的系统部件。针对不同的应用环境，其结构组成存在一定差异。

[案例引导] 最小光伏发电系统组成

从关键词“最小”概念出发，独立设计一种光伏发电系统结构，在相关实训平台中搭建电路予以实施，并完成相关性能测试，填写下表。

设备或耗材	规格	测量参数	电路原理图

[项目实施]

(1) 光伏发电系统组成及功能

太阳能光伏发电系统是通过光伏电池将太阳辐射能转换为电能的一种发电系统，也可叫太阳能电池发电系统。尽管太阳能光伏发电系统的应用形式多种多样，应用规模也有所不同，从小到不足1W的太阳能草坪灯，大到几百千瓦甚至几兆瓦的大型光伏发电站，但其组成结构和工作原理却基本相同，均由光伏电池组件（或方阵）、蓄电池（组）、光伏控制器、逆变器（在有需要输出交流电的情况下使用）以及一些测试、监控、防护等附属设施构成。

① 光伏电池组件

光伏电池组件也叫太阳能电池板，是光伏发电系统中的核心部分，也是光伏发电系统中价值最高的部分。其作用是将太阳光的辐射能转换为电能，并送往蓄电池中存储起来，也可以直接用于推动负载工作。当发电容量较大时，就需要用多块电池组件串、并联后构成光伏电池方阵。目前应用的光伏电池主要是晶体硅电池，分为单晶硅光伏电池、多晶硅光伏电池和非晶硅光伏电池等几种。

② 蓄电池

蓄电池的作用主要是存储光伏电池发出的电能，并随时向负载供电。太阳能光伏发电系统对蓄电池的基本要求是：自放电率低、使用寿命长、充电效率高、深放电能力强、工作温度范围宽、少维护或免维护以及价格低廉。目前为光伏系统配套使用的蓄电池主要是免维护铅酸电池，在小型、微型系统中，也可用镍氢电池、镍镉电池、锂电池或超级电容器。当需要大容量电能存储时，就需要将多只蓄电池串、并联起来构成蓄电池组。

③ 光伏控制器

太阳能光伏控制器的作用是控制整个系统的工作状态，其功能主要有防止蓄电池过充电保护、防止蓄电池过放电保护、系统短路保护、系统极性反接保护、夜间防反充保护等。在温差较大的地方，控制器还具有温度补偿的功能。另外，控制器还有光控开关、时控开关等工作模式，以及充电状态、蓄电池电量等各种工作状态的显示功能。光伏控制器一般分为小功率、中功率、大功率和风光互补控制器等。

④ 交流逆变器

交流逆变器是把光伏电池组件或者蓄电池输出的直流电转换成交流电供应给电网或者交流负载使用的设备。逆变器按运行方式可分为独立运行逆变器和并网逆变器。独立运行逆变器用于独立运行的太阳能发电系统，为独立负载供电。并网逆变器用于并网运行的太阳能发电系统。

⑤ 光伏发电系统的附属设施

光伏发电系统的附属设施包括直流配线系统、交流配电系统、运行监控和检测系统、防雷和接地系统等。

太阳能光伏发电系统按大类可分为独立（离网）光伏发电系统和并网光伏发电系统两大类。其中，独立光伏发电系统又可分为直流光伏发电系统和交流光伏发电系统以及交、直流混合光伏发电系统。而在直流光伏发电系统中又可分为有蓄电池的系统和没有蓄电池的系统。在并网光伏发电系统中，也分为有逆流光伏发电系统和无逆流光伏发电系统，并根据用途也分为有蓄电池系统和无蓄电池系统等。

(2) 独立光伏发电系统

独立光伏发电系统也叫离网光伏发电系统，主要由光伏电池组件、控制器、蓄电池组成，若要为交流负载供电，还需要配置交流逆变器。因此，独立光伏发电系统根据用电负载的特点，可分为下列几种形式。

① 无蓄电池的直流光伏发电系统

无蓄电池的直流光伏发电系统如图 1-7 所示。该系统的特点是用电负载为直流负载，对负载使用时间没有要求，负载主要在白天使用。光伏电池与用电负载直接连接，有阳光时就发电供负载工作，无阳光时就停止工作。系统不需要使用控制器，也没有蓄电池储能装置。该系统的优点是避免了能量通过控制器及在蓄电池的存储和释放过程中造成的损失，提高了太阳能的利用效率。这种系统最典型的应用是太阳能光伏水泵。

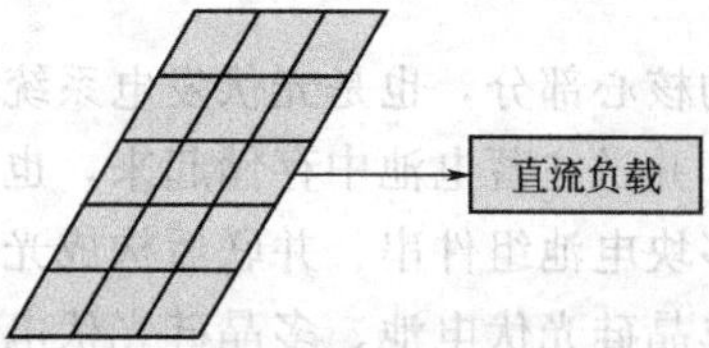

图 1-7 无蓄电池的直流光伏发电系统图

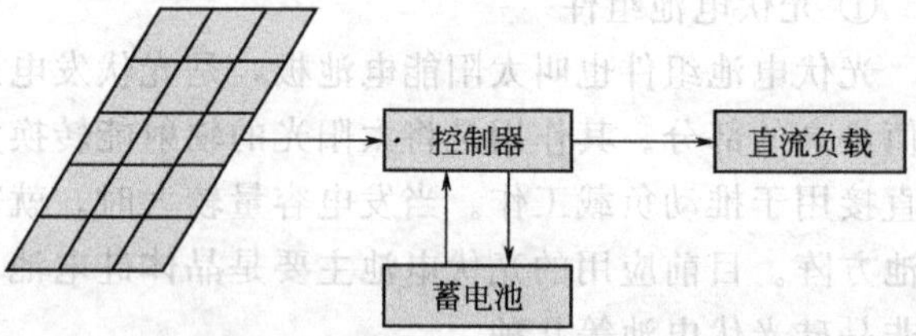

图 1-8 有蓄电池的直流光伏发电系统

② 有蓄电池的直流光伏发电系统

有蓄电池的直流光伏发电系统如图 1-8 所示。该系统由光伏电池、充放电控制器、蓄电池以及直流负载等组成。有阳光时，光伏电池将光能转换为电能供负载使用，并同时向蓄电池存储电能。夜间或阴雨天时，则由蓄电池向负载供电。这种系统应用广泛，小到太阳能草坪灯、庭院灯，大到远离电网的移动通信基站、微波中转站、边远地区农村供电等。当系统容量和负载功率较大时，就需要配备光伏电池方阵和蓄电池组了。

③ 交流及交、直流混合光伏发电系统

交流及交、直流混合光伏发电系统如图 1-9 所示。与直流光伏发电系统相比，交流光伏发电系统多了一个交流逆变器，用以把直流电转换成交流电，为交流负载提供电能。交、直流混合系统则既能为直流负载供电，也能为交流负载供电。

④ 市电互补型光伏发电系统

所谓市电互补型光伏发电系统，就是在独立光伏发电系统中以太阳能光伏发电为主，以

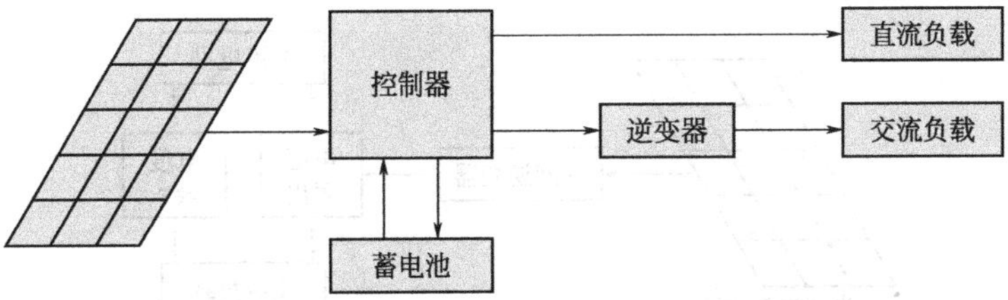

图 1-9 交流和交、直流混合光伏发电系统

普通 220V 交流电补充电能为辅的发电系统，如图 1-10 所示。这样，光伏发电系统中光伏电池和蓄电池的容量都可以设计得小一些，基本上是有阳光时，就用太阳能发的电，遇到阴雨天时，就用市电能量进行补充。我国大部分地区基本上全年都有 2/3 以上的晴好天气，这样系统全年就有 2/3 以上的时间用太阳能发电，剩余时间用市电补充能量。这种形式既减小了太阳能光伏发电系统的一次性投资，又有显著的节能减排效果，是太阳能光伏发电在现阶段推广和普及过程中的一个过渡性的好办法。这种形式的原理与下面将要介绍的无逆流并网光伏发电系统有相似之处，但还不能等同于并网应用。

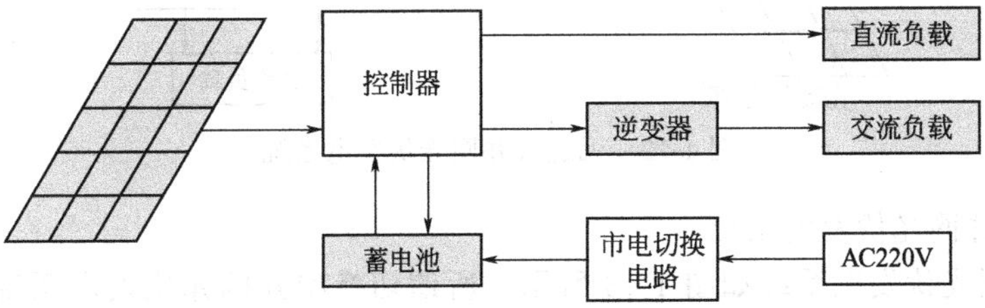

图 1-10 市电互补型光伏发电系统

如某市区路灯改造，如果将普通路灯全部换成太阳能路灯，一次性投资很大，无法实现。而如果将普通路灯加以改造，保持原市电供电线路和灯杆不动，更换节能型光源灯具，采用市电互补型光伏发电的形式，用小容量的光伏电池和蓄电池（仅够当天使用，也不考虑连续阴雨天天数），就构成了市电互补型太阳能光伏路灯，投资减少一半以上，节能效果显著。

（3）并网光伏发电系统

所谓并网光伏发电系统就是光伏组件产生的直流电经过并网逆变器转换成符合市电电网要求的交流电之后直接接入公共电网。并网光伏发电系统有集中式大型并网光伏系统，也有分散式小型并网光伏系统。集中式大型并网光伏电站一般都是国家级电站，其主要特点是将所发电能直接输送到电网，由电网统一调配，向用户供电。但这种电站投资大、建设周期长、占地面积大。而分散式小型并网光伏系统，特别是光伏建筑一体化发电系统，因其具有投资小、建设快、占地面积小、政策支持力度大等优点，成为目前并网光伏发电的主流。

常见并网光伏发电系统一般有下列几种形式。

① 有逆流并网光伏发电系统

有逆流并网光伏发电系统如图 1-11 所示。当太阳能光伏系统发出的电能充裕时，可将剩余电能馈入公共电网，向电网供电（卖电）；当太阳能光伏系统提供的电力不足时，由电网向负载供电（买电）。由于向电网供电时与电网供电的方向相反，因此称其为有逆流光伏发电系统。

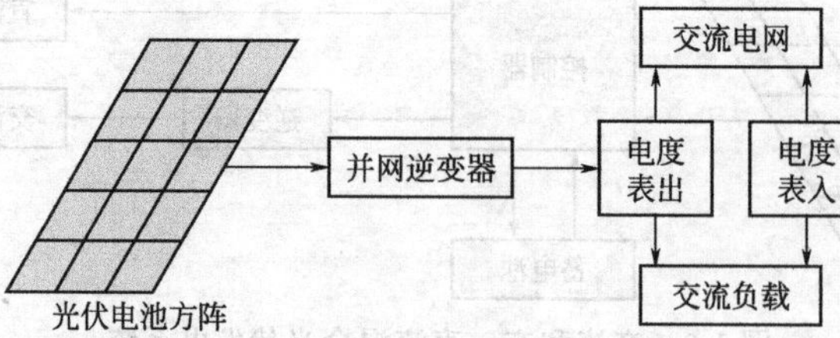

图 1-11 有逆流并网光伏发电系统

② 无逆流并网光伏发电系统

无逆流并网光伏发电系统如图 1-12 所示。太阳能光伏发电系统即使发电充裕也不向公共电网供电，但当太阳能光伏系统供电不足时，则由公共电网向负载供电。

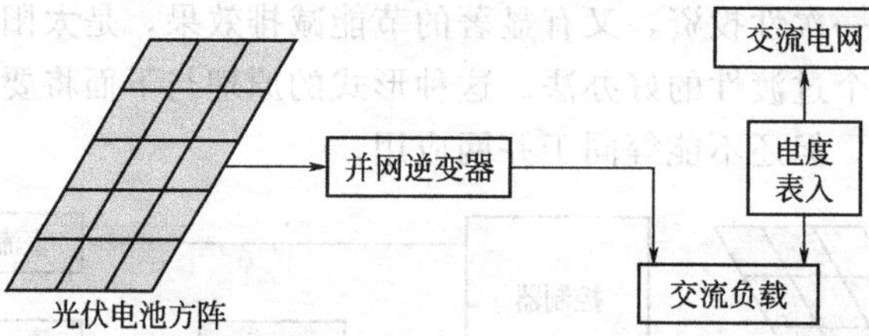

图 1-12 无逆流并网光伏发电系统

③ 切换型并网光伏发电系统

切换型并网光伏发电系统如图 1-13 所示。所谓切换型并网光伏发电系统，实际上是具有自动运行双向切换的功能。一是当光伏发电系统因多云、阴雨天及自身故障等导致发电量不足时，切换器能自动切换到电网供电一侧，由电网向负载供电；二是当电网因为某种原因突然停电时，光伏系统可以自动切换，使电网与光伏系统分离，成为独立光伏发电系统工作状态。有些切换型光伏发电系统还可以在需要时断开为一般负载的供电，接通对应急负载的供电。一般切换型并网光伏发电系统都带有储能装置。

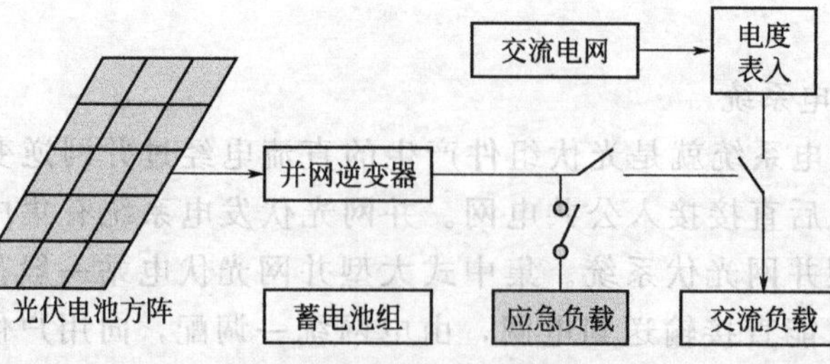

图 1-13 切换型并网光伏发电系统

思考题

1. 结合以上内容，归纳分析光伏发电系统结构和应用领域。

2. 从独立光伏发电系统的实际工程案例出发，列举不同工作模式下的典型案例，并阐述其工作过程及特点。

3. 从并网光伏发电系统的实际工程案例出发，列举不同工作模式下的典型案例，并阐述其工作过程及特点。

4. 图 1-14 为家用光伏发电系统，分析其结构并描述其工作特点。如果要设计一个大型屋顶光伏发电系统，考虑其系统的组成及工作特点。

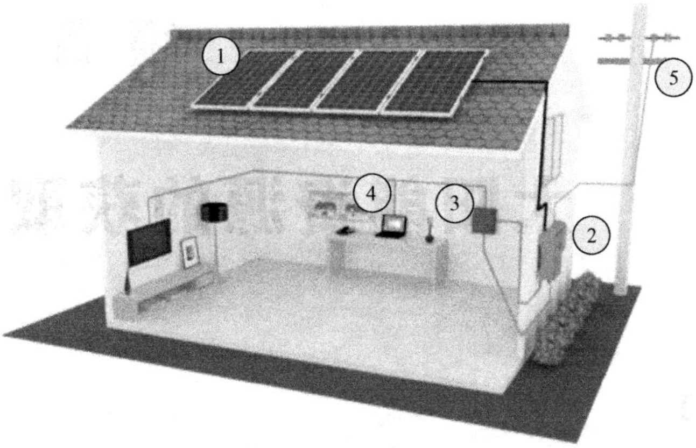

图 1-14 家用光伏发电系统

项目 2

太阳能资源的获取

[学习目标]

知识目标	能力目标
掌握太阳能资源的组成； 掌握我国太阳能资源的分布； 掌握获取最大资源的方法； 掌握太阳能辐射量的测量方法； 掌握太阳能辐射量参数转化	能计算太阳能辐射量； 能测量实际光伏辐射量； 能进行辐射量参数转化； 能利用 RETSCENT 获取太阳能资源； 能从太阳能资源角度出发，评估光伏发电系统可行性

[案例提示]

太阳能光伏发电系统总体性能最关键的问题是如何最有效地利用太阳能资源。对于如何获取最佳太阳能资源，主要考虑光伏发电系统的安装地点及安装方式。例如我国太阳资源最丰富的地区主要集中在青藏高原和新疆、甘肃、内蒙古一带，年总辐射大于 6300MJ/m^2，相同的发电装机量，这些地区发电效益优于其他地区。又如在同一地点采用不同的方阵安装方式（固定型、跟踪型），所获取的太阳能资源也是不同的。如图 2-1 所示。

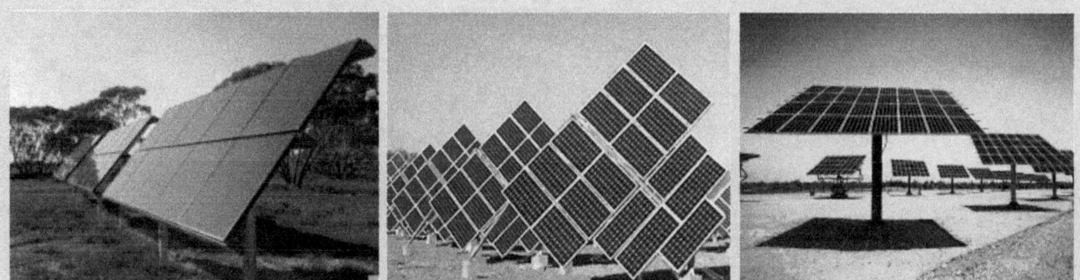

图 2-1　光伏发电系统安装方式

2.1 我国太阳能资源分布

[任务目标]

了解全球太阳能资源的分布情况，掌握我国太阳能资源的分布情况。

[任务描述]

在光伏发电系统中，决定光伏发电量及影响光伏发电成本的主要因素之一就是太阳能资源，掌握太阳能资源的分布情况对光伏发电系统建设有着重要的意义。

[案例引导] 太阳能资源对光伏发电量的影响

搭建如图2-2所示的独立光伏发电系统。通过改变模拟光源强度，测量负载（LED）电压、电流值，记录当前光源强度，并将所得数据填入表2-1中。

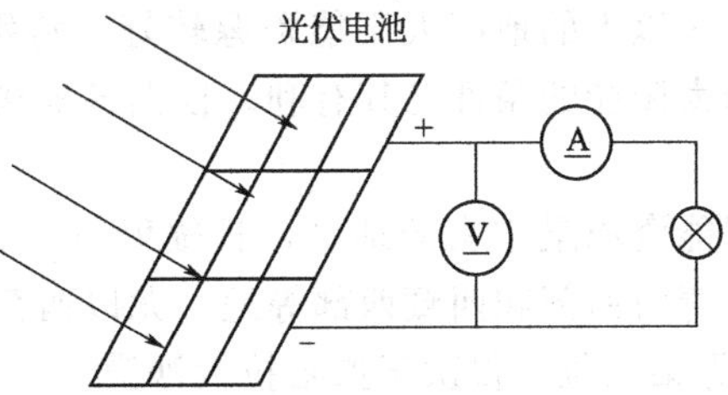

图2-2 独立光伏发电系统示意图

表2-1 光强与功率表

序号	电压	电流	功率	光强	LED亮度
1					弱
2					
3					
4					
5					
6					强

思考：描述太阳能资源对光伏发电量的影响。

[任务实施]

太阳能资源（Solar energy resources）指任一特定时段内（如日、月、年）水平面上太阳总辐射强度的累计值，单位为兆焦每平方米（MJ/m^2）。

（1）世界太阳能资源分布情况

太阳是一颗自己能发光的气体星球，其内部不断进行着热核反应，因而每时每刻都在稳定地向宇宙空间发射能量。人类开发太阳能主要是利用太阳光辐射所产生的能量，由于地球表面大部分被海洋覆盖，达到陆地表面的能量约占太阳达到地球范围内太阳辐射能的10%，然而太阳每秒到达地球陆地表面的辐射能相当于世界一年内消耗的各种能源所产生的总能量的3.5万倍，因此太阳能的开发利用日益受到人们的青睐。

太阳向宇宙空间发射的辐射功率为3.8×10^{23}kW的辐射值，其中20亿分之一到达地球

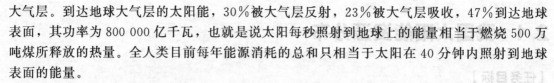

大气层。到达地球大气层的太阳能，30%被大气层反射，23%被大气层吸收，47%到达地球表面，其功率为 800 000 亿千瓦，也就是说太阳每秒照射到地球上的能量相当于燃烧 500 万吨煤所释放的热量。全人类目前每年能源消耗的总和只相当于太阳在 40 分钟内照射到地球表面的能量。

(2) 我国太阳能资源分布情况

我国幅员辽阔，有着十分丰富的太阳能资源。据估算，我国陆地表面每年接受的太阳辐射能约为 50×10^{18}kJ，全国各地太阳年辐射总量达 335～837kJ/(cm^2·a)，中值为 586 kJ/(cm^2·a)。从全国太阳年辐射总量的分布来看，西藏、青海、新疆、内蒙古南部、山西、陕西北部、河北、山东、辽宁、吉林西部、云南中部和西南部、广东东南部、福建东南部、海南岛东部和西部以及台湾省的西南部等地区的太阳辐射总量很大。尤其是青藏高原地区，那里平均海拔高度在 4000m 以上，大气层薄而洁净，透明度好，纬度低，日照时间长，太阳辐射总量比全国其他省区和同纬度的地区都高。全国以四川和贵州两省的太阳年辐射总量最小，其中尤以四川盆地为最，那里雨多、雾多，晴天较少。

大体上说，我国约有 2/3 以上的地区太阳能资源较好，特别是青藏高原、新疆、甘肃、内蒙古一带，这些地区利用太阳能的条件尤其有利。根据各地接受太阳总辐射量的多少，可将全国划分为四类地区。

一类地区：为中国太阳能资源最丰富的地区，日辐射量＞5.1kW·h/m^2，包括宁夏北部、甘肃北部、新疆东部、青海西部和西藏西部等地，尤以西藏西部最为丰富，最高达日辐射量 6.4kW·h/m^2，居世界第二位，仅次于撒哈拉大沙漠。

二类地区：为中国太阳能资源较丰富地区，日辐射量 4.1～5.1kW·h/m^2，包括河北西北部、山西北部、内蒙古南部、宁夏南部、甘肃中部、青海东部、西藏东南部和新疆南部等地。

三类地区：为中国太阳能资源中等类型地区，日辐射量 3.3～4.1kW·h/m^2，包括山东、河南、河北东南部、山西南部、新疆北部、吉林、辽宁、云南、陕西北部、甘肃东南部、广东南部、福建南部、苏北、皖北、台湾西南部等地。

四类地区：是中国太阳能资源较差地区，日辐射量＜3.1kW·h/m^2，包括湖南、湖北、广西、江西、浙江、福建北部、广东北部、陕西南部、江苏北部、安徽南部以及黑龙江、台湾东北部等地。四川、贵州两省是中国太阳能资源最少的地区，日辐射量只有 2.5～3.2 kW·h/m^2。

我国太阳能资源分布有以下几个主要特点：

① 太阳能的高值中心和低值中心都处在北纬 22°～35°一带，青藏高原是高值中心，四川盆地是低值中心；

② 太阳年辐射总量，西部地区高于东部地区，而且除西藏和新疆两个自治区外，基本上是南部低于北部；

③ 由于南方多数地区云多雨多，在北纬 30°～40°之间，太阳能的分布情况与一般的太阳能随纬度而变化的规律相反，太阳能不是随着纬度的升高而减少，而是随着纬度的升高而增加。

我国太阳能资源分布如表 2-2 所示。

(3) 辐射量单位及换算

太阳能辐射量单位有 cal（卡）、J（焦耳）、W（瓦）等，其关系如下：

1 卡(cal)＝4.1868 焦(J)＝1.16278 毫瓦时(mW·h)

表 2-2 我国太阳能资源表

年总辐射量/(MJ/m^2)	峰值日照时数(平均)/h	地　区
6680～8400	5.08～6.39(5.7)	宁夏北部、甘肃北部、新疆东南部、青海西部和西藏西部
5852～6680	4.45～5.08 (4.7)	河北西北部、山西北部、内蒙古南部、宁夏南部、甘肃中部、青海东部、西藏东南部和新疆南部
5016～5852	3.82～4.45(4.1)	山东东南部、河南东南部、河北东南部、山西南部、新疆北部、吉林、辽宁、云南、陕西北部、甘肃东南部、广东南部、福建南部、江苏北部、安徽北部、天津、北京和台湾西南部
4190～5016	3.19～3.82(3.5)	湖南、湖北、广西、江西、浙江、福建北部、广东北部、陕西南部、江苏南部、安徽南部以及黑龙江、台湾东北部
3344～4190	2.54～3.19(2.8)	四川、贵州、重庆

1 千瓦时(kW·h) ＝3.6 兆焦(MJ)

1 千瓦时/米^2(kW·h/m^2)＝3.6 兆焦/米^2(MJ/m^2) ＝0.36 千焦/厘米^2(kJ/cm^2)

100 毫瓦时/厘米^2(mW·h/cm^2)＝85.98 卡/厘米^2(cal/cm^2)

1 兆焦/米^2(MJ/m^2) ＝23.889 卡/厘米^2(cal/cm^2) ＝27.8 毫瓦时/厘米^2(mW·h/cm^2)

(4) 峰值日照时数

峰值日照是在晴天时地球表面的大多数地点能够得到的最大太阳辐射照度。一个小时的峰值日照就叫做峰值日照时数。峰值日照时数是一个描述太阳辐射的单位［瓦每平方米每天，W/(m^2·d)］，也被叫做太阳日照率或者简称日照率。日照率用来比较不同地区的太阳能资源。

全年峰值日照时数为：

假设一个地区年辐射量为 180 000cal/cm^2·a，则

$$180\ 000 \times 0.0116 = 2088 \text{ 小时}$$

式中，0.0116 为将辐射量 (cal/cm^2) 换算成峰值日照时数的换算系数。

平均每日峰值日照时数为：

$$2088 \div 365 = 5.72 \text{ 小时/日}$$

2.2 太阳辐射资源获取

2.2.1 太阳能辐射量组成

[任务目标]

理解太阳能资源的组成。

[任务描述]

太阳辐射发射至地球，要经过遥远的“旅程”，并且还要遇到各种“阻拦”，受到各种影响。掌握太阳能资源的组成是计算和测量太阳能资源的首要条件。

[任务实施]

(1) 太阳辐射光谱

太阳辐射中辐射能按波长的分布，称为太阳辐射光谱，见图 2-3。从图 2-3 中可看出，大气上界太阳光谱能量分布曲线与用普朗克黑体辐射公式计算出的 6000K 的黑体光谱能量

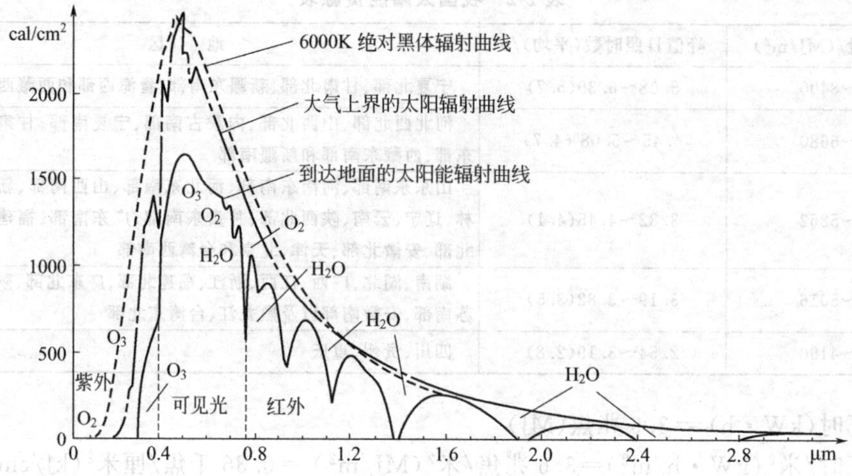

图 2-3 大气上界和地面的太阳辐射光谱

分布曲线非常相似，因此可以把太阳辐射看作黑体辐射。

太阳是一个炽热的气体球，其表面温度约为 6000K，内部温度更高。根据维恩位移定律，可以计算出太阳辐射峰值的波长 λ_{max} 为 0.475μm，这个波长在可见光的青光部分。太阳辐射主要集中在可见光部分（0.4～0.76μm），波长大于可见光的红外线（>0.76μm）和小于可见光的紫外线（<0.4μm）的部分少。在全部辐射能中，波长在 0.15～4μm 之间的占 99%以上，且主要分布在可见光区和红外区，前者占太阳辐射总能量的约 50%，后者占约 43%，紫外区的太阳辐射能很少，只占总量的约 7%。

（2）影响地球表面太阳能辐照度的因素

① 高度角

对于地球上的某个地点，太阳高度角是指太阳能光入射方向和地平面之间的夹角，即某地太阳光线与该地作垂直于地心的地标切线的夹角，简称太阳高度。

由于地球大气层对太阳辐射有吸收、反射和散射作用，因此，红外线、可见光和紫外线在光射线中所占的比例也随着太阳高度角的变化而变化。

一天当中，太阳高度角是不断变化的；同时，在一年中也是不断变化的。对于某处地平面来说，太阳高度角较低时，光线穿过大气的路程较长，辐射能衰减得就较多。同时，又因为光线以较小的角投射到该地平面上，所以到达地平面的能量就较少；反之，则较多。

② 大气质量

太阳辐射能受到衰减作用的大小，与太阳辐射穿过大气路程的长短有关。路程越长，能量损失就越多；路程越短，能量损失越少。大气质量就是太阳辐射通过大气层的无量纲路程，将其定义为太阳光通过大气层的路径与太阳光在天顶方向时射向地面的路径之比。令海平面上太阳光垂直入射路径为 1，即无量纲距为 $m=1$，大气质量与太阳能高度角的关系如表 2-3 所示。

表 2-3 大气质量与太阳高度角的关系

太阳高度角(°)	90	60	45	30	10	5
大气质量	1.000	1.155	1.414	2.000	5.758	11.480

③ 大气透明度

在大气层上界与光线垂直的平面上，太阳辐照度基本上是一个常数。但是在地球表面，太阳辐照度确实是经常变化的，这主要是由大气透明程度不同所引起的。大气透明度是表征大气对于太阳光线透过程度的一个参数。在晴朗无云的天气，大气透明度高，到达地面的太阳能就多。天空云雾很多或无风灰尘很大时，大气透明度很低，到达地面的太阳辐射能就较少。可见，大气透明度是与天空中云量的多少以及大气中所含灰尘等杂质的多少密切相关。表 2-4 为不同高度角和大气透明度下的太阳直接辐照度。

表 2-4 不同高度角和大气透明度下的太阳直接辐照度

透明度	太阳高度角(°)										
	7	10	15	20	25	30	40	50	60	75	90
很混浊 0.6	0.17	0.26	0.41	0.54	0.63	0.7	0.83	0.94	1.00	1.04	1.06
混浊 0.65	0.25	0.38	0.55	0.67	0.76	0.84	0.98	1.08	1.13	1.16	1.17
偏低 0.7	0.35	0.49	0.67	0.79	0.88	0.96	1.08	1.16	1.21	1.25	1.27
正常 0.75	0.48	0.63	0.81	0.93	1.02	1.10	1.21	1.27	1.32	1.35	1.37
偏高 0.8	0.61	0.76	0.93	1.06	1.15	1.22	1.32	1.37	1.41	1.44	1.46
很透明 0.85	0.77	0.9	1.08	1.20	1.29	1.35	1.42	1.47	1.51	1.53	1.54

④ 地球纬度

太阳辐射量是由低纬度向高纬度逐渐减弱的。假定不同纬度地区的大气透明度是相同的，在这样的条件下进行比较，如图 2-4 所示，春分中午时刻的太阳垂直照射到地球赤道 F 点上，设同一经度上有另外两点 B、D，且 B 点纬度比 D 点纬度高。由图 2-4 可知，阳光射到 B 点所需经过大气层的路程 AB 比阳光射到 D 点所经过大气层的路程 CD 长，所以 B 点的垂直辐射能量将比 D 点小。在赤道上 F 点垂直辐射量最大，因为阳光在大气层中经过的路程 EF 最短。

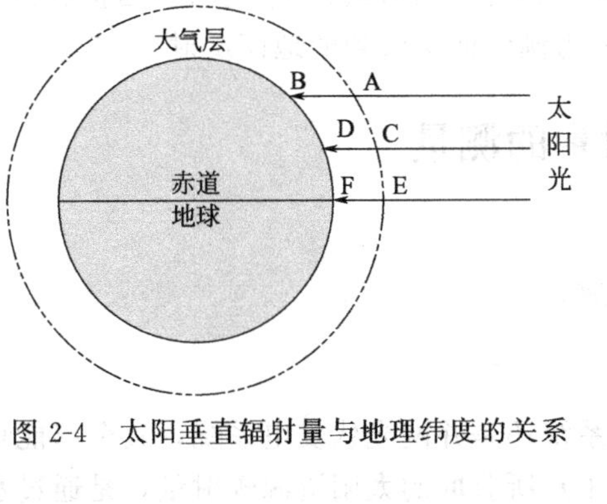

图 2-4 太阳垂直辐射量与地理纬度的关系

⑤ 日照时间

日照时间也是影响地面太阳辐照度的一个重要因素。如果某地区某日白天有 14h，若其中阴天时间≥6h，而出太阳的时间小于或等于 8h，那么，可以说该地区那一天的日照时间是 8h。日照时间越长，地面所获得的太阳总辐射量就越多。

⑥ 海拔高度

海拔越高，大气透明度越好，从而太阳的直接辐射量也就越高。中国青藏高原地区，由于平均海拔高达 4000m 以上，且大气洁净、空气干燥、纬度又低，因此太阳总辐射量大多介于 6000～8000MJ/m^2 之间，直接辐射比重大。

此外，日地距离、地形、地势等对太阳辐照度也有一定影响。在同一纬度上，盆地气温要比平川高，阳坡气温要比阴坡高等。

(3) 太阳辐射在大气中的衰减

太阳辐射通过大气层后到达地球表面。由于大气对太阳辐射有一定的吸收、散射和反射作用，使投射到大气上界的辐射不能完全到达地表面。图 2-5 最下面的实线表示太阳辐射通过大气层被吸收、散射、反射后到达地表的太阳辐射光谱。

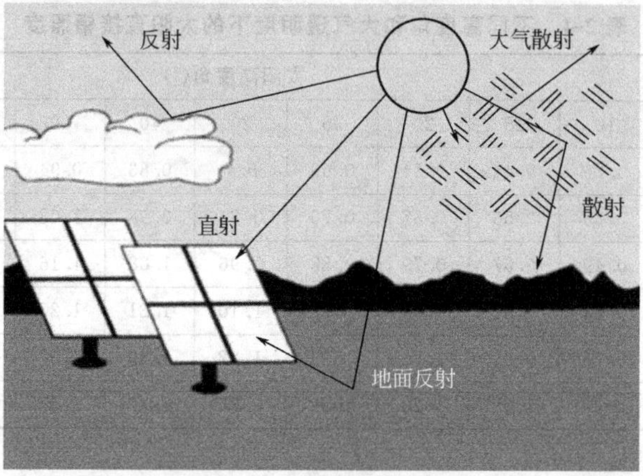

图 2-5 太阳辐射示意图

(4) 直散分离原理

大地表面（即水平面）和光伏电池方阵面（倾斜面）上接收到的辐射量均符合直散分离原理，即总辐射等于直接辐射与散辐射之合，只不过大地表面所接收到的辐射量没有地面反射分量，而光伏电池方阵面上所接受到的辐射量包括地面反射分量。即

$$Q_T = S_T + D_T + R_T \tag{2-1}$$

式中，Q_T 为倾斜面接收到的总辐射量；S_T 为倾斜面接收到的直接辐射；D_T 为倾斜面接收到的散射辐射量；R_T 为倾斜面接收到的地面反射。

2.2.2 太阳能辐射量的测量

[任务目标]

理解太阳能资源的组成。

[任务描述]

无论是独立光伏发电系统还是并网光伏发电系统，其全部能量都来自太阳。对于光伏发电系统的电池方阵（有倾角）所获取的太阳资源辐射量，是通过水平太阳能辐射量计算得到的。水平太阳能辐射量主要由其所在的地理位置决定。

[案例引导] 利用总辐射表获取太阳能资源

利用太阳能总辐射表获取太阳能资源，需完成下表数据填写：

内容	测量值	内容	测量值
水平辐射量		直射	
反射		斜角总辐射 1	
散射		斜角总辐射 2	

(1) 总辐射表

太阳能总辐射表是测量太阳能水平辐射量的方法。太阳能总辐射表为热电效应原理，感应元件采用绕线电镀式多接点热电堆，其表面涂有高吸收率的黑色涂层。热接点在感应面上，而冷接点则位于机体内，冷热接点产生温差电势。在线性范围内，输出信号与太阳辐照度成正比。为减小温度的影响，则配有温度补偿线路。为了防止环境对其性能的影响，则使用两层石英玻璃罩，罩是经过精密的光学冷加工磨制而成的。

该表用来测量光谱范围为 0.3～3μm 的太阳总辐射，也可用来测量入射到斜面上的太阳辐射，如感应面向下可测量反射辐射，如加遮光环可测量散射辐射。因此，它可广泛应用于太阳能利用、气象、农业、建筑材料老化及大气污染等领域作太阳辐射能量的测量。

该表应安装在四周空旷、感应面以上没有任何障碍物的地方，然后将辐射表电缆插头正对北方，调整好水平位置，将其牢牢固定，再将总辐射表输出电缆与记录器相连接，即可观测。最好将电缆牢固地固定在安装架上，以减少断裂或在有风天发生间歇中断现象。图 2-6 为 RHD-29 太阳能总辐射表，表 2-5 为该表的技术参数。

图 2-6 太阳能总辐射表

表 2-5 RHD-29 太阳能总辐射表的技术参数

序号	内容	指标	序号	内容	指标
1	灵敏度	7～14μV/(W·m^{-2})	5	非线性	±2%
2	响应时间	≤30s	6	重量	2.5kg
3	内阻	约 350Ω	7	温度特性	±2%(－20～＋40℃)
4	稳定性	±2%	8	余弦响应	≤±5%,太阳高度角 10°时

注意事项如下。

① 玻璃罩应保持清洁，要经常用软布或毛皮擦拭。

② 玻璃罩不可拆卸或松动，以免影响测量精度。

③ 应定期更换干燥剂，以防罩内结水。

(2) 利用太阳能观测系统获取水平面太阳辐射量

太阳辐射观测系统（图 2-7）包括：总辐射、直接辐射、散射辐射（总表＋装置）、净全辐射、反射辐射、分光谱辐射（5 块）、辐射表专用电缆、辐射观测台架、太阳辐射电流表、辐射数据采集系统（含软件）。该系统可以实现对太阳辐射的能量动态检测以及太阳光谱的分布检测、各光谱的能量的动态检测，从而认识和了解太阳能各要素相互关系。

图 2-7 太阳辐射观测系统

2.3 太阳能辐射量的估算

[任务目标]

掌握利用计算机仿真软件及估算方式获取太阳能辐射量。

[任务描述]

光伏电池方阵面太阳能辐射量除了和水平面辐射量相关，还和光伏电池方阵支架的安装方式、方位角等因素相关，计算方法相对较复杂。而上述太阳能水平面辐射量测量只能测试当前辐射量，不能完全表示年辐射量。由于太阳辐射量的计算相对复杂，因此一般是由计算机来完成；在要求不太严格的情况下，也可以采取估算的办法。在实际工程设计上，可以采用 RETScreen 仿真软件来实现倾斜面电池板的太阳能辐射量的估算。

[案例分析]　利用 RETScreen 获取倾斜面太阳能辐射量

RETScreen 仿真软件是由加拿大环境资源署和美国宇航局共同开发的光伏系统设计软件。通过该软件可以很方便地计算固定方阵固定倾斜角、地平坐标东西向跟踪、赤道坐标轴跟踪以及双轴精确跟踪等多种方式下光伏电池方阵面所接收到太阳能辐射量。RETScreen 的使用可参照项目 9。

根据案例引导，填写下表。

组件安装方式	地位位置(纬度、经度)	地理位置	最小月辐射量	年总辐射量

[任务实施]

(1) 仿真软件获取

RETScreen 的核心由已标准化和集成化的清洁能源分析软件构成，可以在世界范围内应用，可以为不同类型的节能和可再生能源工程的能源产量、周期成本以及温室气体的减排做出评估。每个 RETScreen 能源工程模型（例如光伏项目等）都可以在微软 EXCEL 的“工作手册”文件中开发。“工作手册”文件是由一系列的工作表依次组成的，这些工作表有公共的界面，还有与所有 RETScreen 模型都相匹配的标准方式。

光伏项目模型能方便地评估三个基本光伏应用（并网、离网和排水）的能源产量、寿命期成本和温室气体减排。对于并网的应用，模型可以用来评估中枢电网和独立电网的光伏系统。对于离网的应用，模型可以用来评估独立光伏系统（光伏-蓄电池）和互补光伏系统（光伏-蓄电池-柴油发电机）。对于排水的应用，模型可以用来评估光伏排水系统。

光伏项目模型包括 6 个工作表（能量模型、太阳能资源和系统负荷计算、成本分析、温室气体排放降低分析、财务概要、敏感性与风险分析）。

使用方法 应当首先完成能量模型、太阳能资源和系统负荷计算，然后进行成本分析和财务分析。温室气体减排分析和敏感性与风险分析是可选项。温室气体减排分析可以帮助用户计算所提议项目的温室气体减排评估。敏感性分析可以帮助用户评估当主要经济、技术参数变化时项目主要经济指标的变化敏感性。一般来讲，用户从上到下使用工作表，这个过程可能会重复几次才能达到最佳的能源应用与成本合理化的搭配。具体实施内容参考《RETScreen 仿真指导书》。

（2）倾斜面辐射量估算

在没有计算机软件的情况下，也可以根据当地纬度，由下列关系粗略确定固定光伏电池方阵的倾斜角。一般来讲，纬度越高，倾斜角也越大，如表 2-6 所示。

表 2-6 光伏电池方阵倾斜角 (°)

纬度	光伏电池方阵倾斜角	纬度	光伏电池方阵倾斜角
0～25	等于纬度	41～55	纬度 +10～15
26～40	纬度+5～10	>55	纬度 +15～20

倾斜角确定好后，如果没有计算机软件，可以由水平面辐射量估算光伏电池方阵面上的辐射量。一般来讲，固定倾斜角光伏电池方阵面上的辐射量要比水平面辐射量高 5%～15%。直射分量越大，纬度越高，倾斜面比水平面增加的辐射量越大。

思考题

1. 利用倾斜面辐射估算方法，在下表所列地点安装，固定安装方式，估算年辐射量情况，并将结果填入表中。

地理名称	地位位置(纬度、经度)	RETScreen 仿真	倾斜面估算	倾斜角设计
北京				
杭州				
广州				
银川				
拉萨				
成都				

2. 根据我国太阳能资源分布情况及单位换算关系，填写下表。

等级	年总辐射量(MJ/m²)	年总辐射量(kW·h/m²)	平均日辐射量(kW·h/m²)
极丰富带			
很丰富带			
丰富带			
一般			

3. 下表是浙江杭州地区的年辐射量数据表，请按照要求转换。

月份	1月	2月	3月	4月	5月	6月	7月	8月	9月	10月	11月	12月
辐射量/[MJ/(m²·d)]	8.14	8.75	9.11	12.17	14.90	14.72	18.90	16.99	14.62	12.85	10.76	10.08
峰值日照时数/(h/d)												

4. 分析说明利用总辐射表如何测量太阳反射、直射、散射值。

5. 利用太阳能观测系统测量一日太阳能辐射量，并进行数据分析。

项目 3

光伏电池组件及方阵容量设计

[学习目标]

知识目标	能力目标
掌握太阳能单体电池发电特性； 掌握太阳能电池串、并联特性； 掌握电池组件参数和组件选择； 掌握一般光伏方阵容量设计方法； 掌握光伏方阵安装方式及倾斜角设计	能分析单体电池工作特性； 能实现组件的串并联； 能按照实际需求完成组件容量设计； 能按照实际要求完成组件选择

[案例提示]

光伏电池是光伏发电系统的能量来源，目前太阳能光伏发电系统采用的光伏电池组件主要以晶体硅材料为主（包括单晶硅和多晶硅）。光伏发电系统的电池方阵，由电池组件及单体电池组成。从实际光伏发电系统的发电量需求出发，要求设计合理的光伏电池方阵。电池组件的选择及组件功率是光伏发电系统设计的重要内容。在光伏发电系统中，电池方阵的安装方式、倾斜角都会影响光伏方阵的放电量。

3.1 光伏单体电池发电特性认识

单体电池是光伏方阵的最小单元，经过单体电池的串并联，可以得到电池组件及电池方阵。为了获取需要大小的电池容量，首先要认识单体电池的特性。

3.1.1 单体电池参数认识

[任务目标]

掌握单体电池基本参数的测量。

[任务描述]

单体电池是电池方阵的最小单元，经过其串并联可得到用户需要的电池结构（图 3-1）。在单体电池的选择上，主要考虑短路电流、开路电压、峰值电流、峰值电压、峰值功率这 5 个基本参数，以便组合成所需电池方阵。

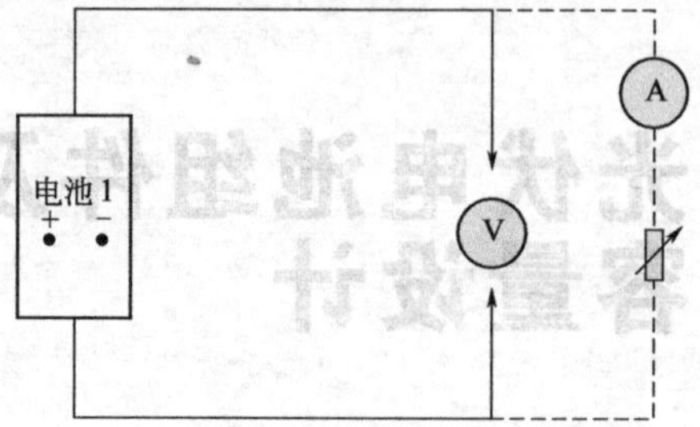

图 3-1 单体电池

[案例分析] 单体电池参数特性测试

搭建“最小”光伏发电系统电路，调节负载，测试单体电池参数特性，并填写于下表（注：调节某一光照强度，默认为标准光照）。

序号	开路电压	短路电流	峰值电压	峰值电流	最大功率
1					
2					

[任务实施]

（1）电池组件与单体电池

光伏电池组件（Solar Module）也叫太阳能光伏组件（PV Module），通常还简称为电池板或光伏组件。光伏电池组件是把多个单体的光伏电池片，根据需要串并联起来，并通过专用材料和专门生产工艺进行封装后的产品。单体的光伏电池不能直接用于光伏发电系统的应用，原因如下。

① 单体光伏电池机械强度差，厚度只有 2μm 左右，薄而易碎。

② 光伏电池易遭腐蚀，若直接暴露在大气中，电池的转换效率会受到潮湿、灰尘、酸碱物质、冰雹、风沙以及空气中含氧量等的影响而下降，电池的电极也会因氧化、锈蚀而脱落，甚至会导致电池失效。

③ 单体光伏电池的输出电压、电流和功率都很小，工作电压只有 0.48～0.5V，由于受硅片材料尺寸限制，单体电池片输出功率最大也只有 3～4W，远不能满足光伏发电实际应用的要求。

目前太阳能光伏发电系统采用的光伏电池组件主要以晶体硅材料为主（包括单晶硅和多晶硅），因此本章将主要介绍晶体硅光伏电池组件的原理构造和生产制造过程，以及光伏电池方阵的组合、配置和连接等内容。

（2）单体电池参数分析

① 短路电流 I_s

当将光伏能电池的正负极短路，使 $U=0$ 时，此时的电流就是电池片的短路电流。短路电流的单位是安培（A），短路电流随着光强的变化而变化。

② 开路电压 U_o

当将光伏电池的正负极不接负载，使 $I=0$ 时，光伏电池正负极间的电压就是开路电压。开路电压的单位是伏特（V）。单片光伏电池的开路电压不随电池片面积的增减而变化，一般为 0.5～0.7V。

③ 峰值电流 I_m

峰值电流也叫最大工作电流或最佳工作电流。峰值电流是指光伏电池片输出最大功率时的工作电流。峰值电流的单位是安培（A）。

④ 峰值电压 U_m

峰值电压也叫最大工作电压或最佳工作电压。峰值电压是指光伏电池片输出最大功率时的工作电压。峰值电压的单位是 V。峰值电压不随电池片面积的增减而变化，一般为 0.45～0.5V，典型值为 0.48V。

⑤ 峰值功率 P_m

峰值功率也叫最大输出功率或最佳输出功率。峰值功率是指光伏电池片正常工作或测试条件下的最大输出功率，也就是峰值电流与峰值电压的乘积 $P_m=I_m\times U_m$。峰值功率的单位是 W（瓦）。光伏电池的峰值功率取决于太阳辐照度、太阳光谱分布和电池片的工作温度，因此光伏电池的测量要在标准条件下进行。测量标准为欧洲委员会的 101 号标准，其条件是：辐照度 $1kW/m^2$、光谱 AM1.5、测试温度 25℃。

⑥ 填充因子 FF

填充因子也叫曲线因子，是指光伏电池的最大输出功率与开路电压和短路电流乘积的比值。计算公式为：$FF=\dfrac{P_m}{I_s\times U_o}$，填充因子用以评价光伏电池输出特性。

注：上述参数的测量条件都为标准光照下所获得。

3.1.2 单体电池输出特性分析

[任务目标]

掌握单体电池的输出特性，包括无光照情况下的电流电压关系、光照情况下的电流电压关系、电池的效率、电池光谱响应等特性。

[任务描述]

单体电池是光伏方阵的组成单元，光伏发电最大功率跟踪是光伏发电系统应用的关键问题，要获取光伏电池方阵的最大功率点，必须对单体电池的输出特性进行认识和理解。

[案例分析]　光伏电池输出特性分析

搭建前述“最小”光伏发电系统电路，调节负载和光照强度，测试单体电池输出功率变换。要求独立设计参数测量表，并分析绘制相关特性曲线。

[任务实施]

(1) 光伏电池无光照情况下的电流电压关系（暗特性）

光伏电池是依据光生伏打效应把太阳能或者光能转化为电能的半导体器件。如果没有光照，光伏电池等价于一个 PN 结。通常把无光照情况下光伏电池的电流电压特性叫做暗特性。近似地，可以把无光照情况下的光伏电池等价于一个理想 PN 结，其电流电压关系为肖克莱方程：

$$I=I_s\left[\exp\left(\frac{eU}{k_0T}\right)-1\right] \tag{3-1}$$

其中，$I_s=J_sA=A\left(\frac{eD_n n_{p0}}{L_n}+\frac{eD_p p_{n0}}{L_p}\right)$为反向饱和电流；$A$、$D$、$n$、$p$ 和 L 分别为结面积、扩散系数、平衡电子浓度、平衡空穴浓度和扩散长度；$e=1.6\times10^{-19}$C。

根据肖克莱方程不难发现正向、反向电压时，暗条件下光伏电池的电流电压曲线不对称，这就是 PN 结的单向导通性，或者说整流特性。对于确定的光伏电池，其掺杂杂质种类、掺杂计量、器件结构都是确定的，对电流电压特性具有影响的因素是温度。温度对半导体器件的影响是这类器件的通性。

(2) 光伏电池光照情况下的电流电压关系（亮特性）

光生少子在内建电场驱动下定向的运动，在 PN 结内部产生了 N 区指向 P 区的光生电流 I_L，光生电动势等价于加载在 PN 结上的正向电压 U，它使得 PN 结势垒高度降低 $q_{VD}-q_V$。开路情况下光生电流与正向电流相等时，PN 结处于稳态，两端具有稳定的电势差 U_{OC}，这就是光伏电池的开路电压 U_{OC}。如图 3-2 所示，在闭路情况下，光照作用下会有电流流过 PN 结，显然 PN 结相当于一个电源。

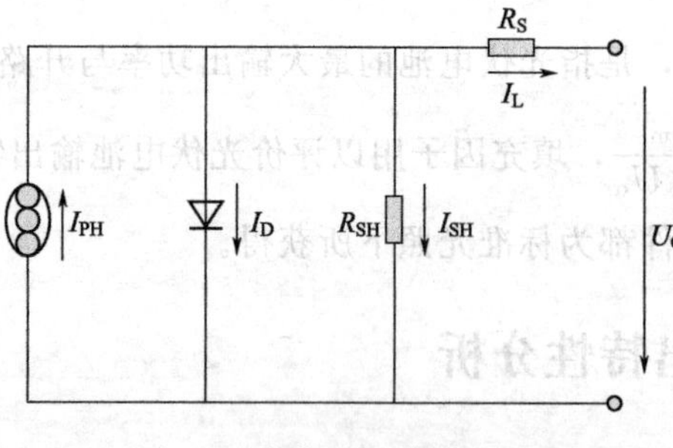

图 3-2 光伏电池等效电路图

I_{PH}为光伏电池内部的光生电流，与光伏电池辐照度、受光面积成正比。I_D 为光伏电池内部暗电流，其反映光伏电池自身流过 PN 结的单向电流；I_L 为光伏电池输出流过负载的电流；I_{SH}为 PN 结的漏电流；R_{SH}为光伏电池内部的等效旁路电阻，其值较大，一般可达几千欧姆；R_S 为光伏电池内部等效串联电阻，其值一般较小，小于 1Ω；U_{OC}为负载两端电压。

从图 3-2 可知，其中流过负载的电流：

$$I_L=I_{PH}-I_D-I_{SH} \tag{3-2}$$

$$I_D=I_o\left[\exp\left(\frac{qU_D}{AKT}\right)-1\right]$$

$$I_L=I_{PH}-I_o\left[\exp\left(\frac{qU_D}{AKT}\right)-1\right]-\frac{U_D}{R_{SH}}$$

$$I_{SC}=I_o\left[\exp\left(\frac{qU_{OC}}{AKT}\right)-1\right]$$

其中 I_{SC} 为光伏电池内部的短路电流，如果忽略等效电路输出短路时流过二极管的反向漏电流，$I_{PH}=I_{SC}$。

从前可知，R_{SH} 阻值较大，R_S 的电阻较小，所以上式可以变换为：

$$I_L=I_{PH}-I_D-I_{SH}\approx I_{PH}-I_D \tag{3-3}$$

所以光伏电池输出功率可表示为：

$$P=U_LI_L=U_LI_{PH}-U_LI_o\left[\exp\left(\frac{qU_L}{AKT}\right)-1\right] \tag{3-4}$$

式中，I_o 为光伏电池内部等效二极管的 PN 结反向饱和电流，近似常数，不受光照度影响；q 为电子电荷，$q=1.6\times10^{-19}$C；K 为波尔兹曼常数，$K=1.38\times10^{-23}$J/K，A 为光伏电池内部 PN 结的曲线常数。

开路电压 U_{OC} 和闭路电路 I_{SC} 是光电池的两个重要参数。实验上，这两个参数通过确定稳定光照下光伏电池电流电压特性曲线与电流、电压轴的截距得到。不难理解，随着光照强度增大，确定光伏电池的闭路电流和开路电压都会增大。但是随光强变化的规律不同，闭路电路 I_{SC} 正比于入射光强度，开路电压 U_{OC} 随着入射光强度对数式增大。从半导体物理基本理论不难得到这个结论。此外，从光伏电池的工作原理考虑，开路电压 U_{OC} 不会随着入射光强度增大而无限增大的，它的最大值是使得 PN 结势垒为零时的电压值。换句话说，光伏电池的最大光生电压为 PN 结的势垒高度 U_D，是一个与材料带隙、掺杂水平等有关的值。实际情况下，最大开路电压值与材料的带隙宽度相当。

（3）光伏电池的效率

光伏电池从本质上说是一个能量转化器件，它把光能转化为电能。因此讨论光伏电池的效率是必要和重要的。根据热力学原理，任何的能量转化过程都存在效率问题，实际发生的能量转化过程效率不可能是 100%。就光伏电池而言，需要知道转化效率和哪些因素有关，如何提高光伏电池的效率，最终期望光伏电池具有足够高的效率。光伏电池的转换效率 η 定义为输出电能 P_m 和入射光能 P_{in} 的比值：

$$\eta=\frac{P_m}{P_{in}}\times100\%=\frac{I_mU_m}{P_{in}}\times100\% \tag{3-5}$$

其中，I_mU_m 在 I-U 关系中构成一个矩形，叫做最大功率矩形。如图 3-3 所示，光特性

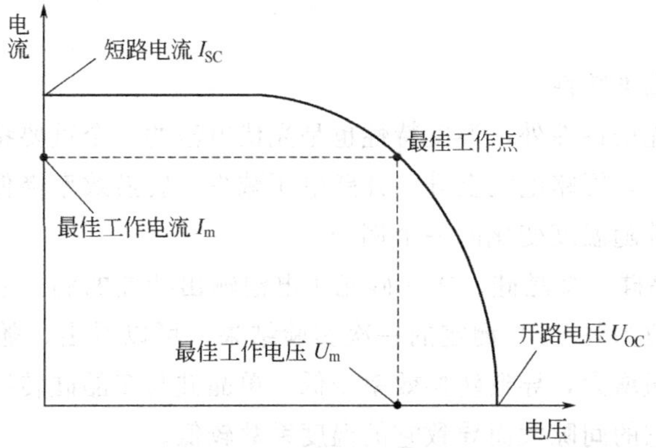

图 3-3 电压-电流曲线

I-U 曲线与电流、电压轴的交点分别是短路电流和开路电压。最大功率矩形取值点的物理含义是光伏电池最大输出功率点，数学上是 I-U 曲线上坐标相乘的最大值点。短路电流和开路电压也自然构成一个矩形，面积为 $I_{SC}U_{OC}$，定义$\frac{I_mU_m}{I_{SC}U_{OC}}$为占空系数，图形中它是两个矩形面积的比值。占空系数反映了光伏电池可实现功率的度量，通常的占空系数在 0.7～0.8 之间。

光伏电池本质上是一个 PN 结，因而具有一个确定的禁带宽度。从原理得知，只有能量大于禁带宽度的入射光子才有可能激发光生载流子并继而发生光电转化，因此，入射到光伏电池的太阳光只有光子能量高于禁带宽度的部分才会实现能量的转化。硅光伏电池的最大效率大致是 28%左右。对光伏电池效率有影响的还有其他很多因素，如大气对太阳光的吸收、表面保护涂层的吸收、反射、串联电阻热损失等。综合考虑起来，光伏电池的能量转换效率大致在 10%～15%之间。

为了提高单位面积的光伏电池电输出功率，可以采用通过光学透镜集中太阳光，太阳光强度可以提高几百倍，短路电流线性增大，开路电压指数式增大。不过具体的理论分析发现，光伏电池的效率随着光照强度增大不是急剧增大的，而是有轻微增大。但是考虑到透镜价格相对于光伏电池低廉，因此透镜集中也是一个有优势的技术选择。

(4) 光伏电池的光谱响应

光谱响应表示不同波长的光子产生电子-空穴对的能力。定量地说，光伏电池的光谱响应就是当某一波长的光照射在电池表面上时，每一光子平均所能收集到的载流子数。光伏电池的光谱响应又分为绝对光谱响应和相对光谱响应。各种波长的单位辐射光能或对应的光子入射到光伏电池上，将产生不同的短路电流，按波长的分布求得其对应的短路电流变化曲线，称为光伏电池的绝对光谱响应。如果每一波长以一定等量的辐射光能或等光子数入射到光伏电池上，所产生的短路电流与其中最大短路电流比较，按波长的分布求得其比值变化曲线，这就是该光伏电池的相对光谱响应。无论是绝对光谱响应还是相对光谱响应，光谱响应曲线峰值越高、越平坦，对应电池的短路电流密度就越大，效率也越高。

从光伏电池的应用角度来说，其光谱响应特性与光源的辐射光谱特性相匹配是非常重要的，这样可以更充分地利用光能，并能提高光伏电池的光电转换效率。例如，有的电池在太阳光照射下能确定转换效率，但在荧光灯这样的室内光源下就无法得到有效的光电转换。不同的光伏电池与不同光源的匹配程度是不一样的。而光强和光谱的不同，会引起光伏电池输出的变动。

(5) 光伏电池的温度特性

除了光伏电池的光谱特性外，温度特性也是光伏电池的一个重要特征。对于大部分光伏电池，随着温度的上升，短路电流上升，开路电压减少，转换效率降低。图 3-4 为非晶硅光伏电池片输出伏安特性随温度变化的一个例子。

表 3-1 给出了单晶硅、多晶硅、非晶硅光伏电池输出特性的温度系数（温度变化 1℃对应参数的变化率，单位为%/℃）测定的一次实验结果。可以看出，随着温度变化，开路电压变小，短路电流略微增大，导致转换效率变低。单晶硅与多晶硅转换效率的温度系数几乎相同，而非晶硅因为它的间隙大而导致它的温度系数较低。

在实际应用光伏电池板时，必须考虑它的输出特性受温度的影响，特别是室外的光伏电

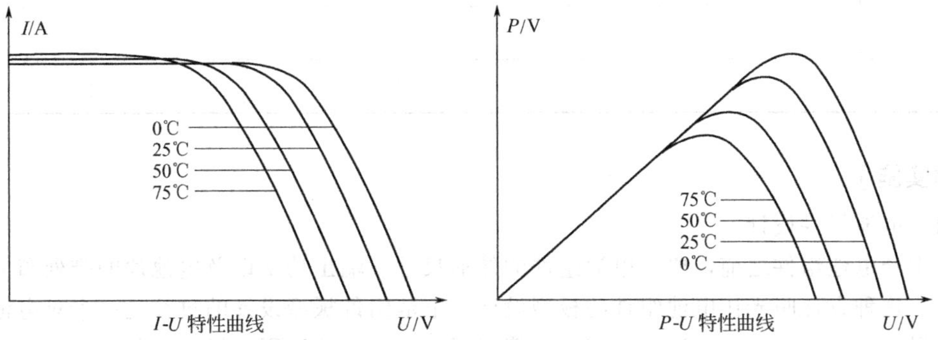

图 3-4 不同温度时非晶硅光伏电池片的输出特性

表 3-1 单晶硅、多晶硅、非晶硅光伏电池的特性

种类	开路电压 U_{OC}	短路电流 I_{SC}	填充因子 FF	转换效率 η
单晶硅光伏电池	−0.32	0.09	−0.10	−0.33
多晶硅光伏电池	−0.30	0.07	−0.10	−0.33
非晶硅光伏电池	−0.36	0.10	0.03	−0.23

注：表中的数值表示温度变化1℃的变化率（%/℃）。

池，由于阳光的作用，光伏电池板在使用过程中温度可能变化比较大，因此温度系数是室外使用光伏电池板时需要考虑的一个重要参数。

3.2 光伏组件输出特性分析

[任务目标]

掌握光伏电池组件的串并联设计，掌握电池组件的参数意义。

[任务描述]

光伏电池组件是由单体电池经过串并联得到的，实际功率大小可以由用户自己定义，一般规格组件输出峰值功率有100W、120W、160W、180W、200W、280W、300W等规格。设计光伏系统、构建光伏方阵都必须对单体组件进行参数测量，再进行串并联，才能获得最大电池方阵功率。下面分析给定规格电池组件的单体电池串并联设计方法，学习光伏电池组件的参数意义及参数测量方法。

[案例引导] 不同规格电池组件的组成及参数分析

组件规格：提供两种电池组件规格。

用给定的两种规格电池组件样板完成电路设计，测量开路电压、短路电流、峰值电压、峰值电流、最大功率（测量方法与单体电池相同），并将数据记入下表。

组件规格	串联情况	并联情况	开路电压	短路电流	峰值电压	峰值电流

[项目实施]

(1) 电池组件设计

在生产电池组件之前，要对电池组件的外形尺寸、输出功率以及电池片的排列布局等进行设计，这种设计叫光伏电池组件的板型设计。电池组件板型设计的过程是一个对电池组件的外形尺寸、输出功率、电池片排列布局等因素综合考虑的过程。设计者既要了解电池片的性能参数，还要了解电池组件的生产工艺过程和用户的使用需求，力求做到电池组件尺寸合理，电池片排布紧凑美观。

组件的板型设计一般从两个方向入手：一是根据现有电池片的功率和尺寸确定组件的功率和尺寸大小；二是根据组件尺寸和功率的要求选择电池片的尺寸和功率。

电池组件不论功率大小，一般都是由 36 片、72 片、54 片和 60 片等几种串联形式组成。常见的排布方法有 4 片×9 片、6 片×6 片、6 片×12 片、6 片×9 片和 6 片×10 片等。下面以 36 片串联形式的电池组件为例，介绍电池组件的板型设计方法。

例如，要生产一块 20W 的光伏电池组件，现在手头有单片功率为 2.2～2.3W 的 125mm×125mm 单晶硅电池片，需要确定板型和组件尺寸。根据电池片情况，首先确定选用 2.3W 的电池片 9 片（组件功率为 2.3W×9＝20.7W，符合设计要求，设计时组件功率误差在±5％以内可视为合格），并将其 4 等分切割成 36 小片，电池片排列可采用 4 片×9 片或 6 片×6 片的形式，如图 3-5 所示。图中，电池片与电池片中的间隙根据板型大小取 2～3mm；上边距一般取 35～50mm；下边距一般取 20～35mm；左右边距一般取 10～20mm。这些尺寸都确定以后，就确定了玻璃的长宽尺寸。假如上述板型都按最小间隙和边距尺寸选取，则 4×9 板型的玻璃尺寸长为 633.5mm，取整为 635mm，宽为 276mm；6×6 板型的玻璃尺寸长为 440mm，宽为 405mm。组件安装边框后，长宽尺寸一般要比玻璃尺寸大 4～5mm，因此一般所说的组件外形尺寸都是指加上边框后的尺寸。

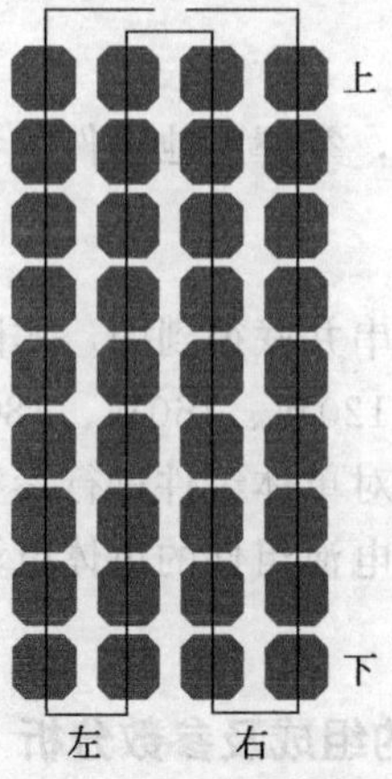

图 3-5　组件串并联

板型设计时，要尽量选取较小的边距尺寸，使玻璃、EVA、TPT 及组件板型设计排布图简约，同时组件重量减轻。另外，当用户没有特殊要求时，组件外形应该尽量设计成准正

方形，因为同样面积下，正方形长度最短，做同样功率的电池组件，可少用边框铝型材。

当已经确定组件尺寸时，不同转换效率的电池片做出的电池组件的功率不同。例如，外形尺寸为1200mm×550mm的板型是用36片125mm×125mm电池片的常规板型，当用不同转换效率（功率）的电池片时，就可以分别做出70W、75W、80W或85W等不同功率的组件。除特殊要求外，生产厂家基本都是按照常规板型进行生产。

（2）光伏电池组件的性能测试

与硅光伏电池的主要性能参数类似，光伏电池组件的性能参数也主要有短路电流、开路电压、峰值电流、峰值电压、峰值功率、填充因子和转换效率等。这些性能参数的概念与前面所定义的硅光伏电池的主要性能参数相同，只是在具体的数值上有所区别。

① 短路电流 I_S

当将光伏电池组件的正负极短路，使 $U=0$ 时，此时的电流就是电池组件的短路电流。短路电流的单位是A。短路电流随着光强的变化而变化。

② 开路电压 U_o

当光伏电池组件的正负极不接负载时，组件正负极间的电压就是开路电压。开路电压的单位是V。光伏电池组件的开路电压随电池片串联数量的增减而变化，36片电池片串联的组件开路电压为21V左右。

③ 峰值电流 I_m

峰值电流也叫最大工作电流或最佳工作电流。峰值电流是指光伏电池组件输出最大功率时的工作电流。峰值电流的单位是A。

④ 峰值电压 P_m

峰值电压也叫最大工作电压或最佳工作电压。峰值电压是指光伏电池片输出最大功率时的工作电压。峰值电压的单位是V。组件的峰值电压随电池片串联数量的增减而变化，36片电池片串联的组件峰值电压为17～17.5V。

⑤ 峰值功率 P_m

峰值功率也叫最大输出功率或最佳输出功率。峰值功率是指光伏电池组件在正常工作或测试条件下的最大输出功率，也就是峰值电流与峰值电压的乘积：$P_m=I_mU_m$。峰值功率的单位是W。光伏电池组件的峰值功率取决于太阳辐照度、太阳光谱分布和组件的工作温度，因此光伏电池组件的测量要在标准条件下进行。测量标准为欧洲委员会的101号标准，其条件是：辐照度1kW/m²、光谱AM1.5、测试温度25℃。

⑥ 填充因子

填充因子也叫曲线因子，是指光伏电池组件的最大功率与开路电压和短路电流乘积的比值。填充因子是评价光伏电池组件所用电池片输出特性好坏的一个重要参数，它的值越高，表明所用光伏电池组件输出特性越趋于矩形，电池组件的光电转换效率越高。光伏电池组件的填充因子系数一般在0.5～0.8之间，也可以用百分数表示：

$$FF=\frac{P_m}{I_{SC}U_{OC}}$$

⑦ 转换效率

转换效率是指光伏电池组件受光照时的最大输出功率与照射到组件上的太阳能量功率的比值。即：

$$\eta=\frac{P_m}{P_{in}}\times100\%=\frac{I_mU_m}{A(\text{电池组件有效面积})\times P_{in}(\text{单位面积的入射光功率})}\times100\%$$

其中，$P_{in}=1000W/m^2=100mW/cm^2$。

3.3 光伏方阵结构设计

[任务目标]

理解热斑效应产生的原因；掌握热斑效应对串、并联电路功率输出的影响；掌握利用反充二极管解决热斑效应的方法。

[任务描述]

光伏电池方阵（Solar Array 或 PV Array）是为满足高电压、大功率的发电要求，由若干个光伏电池组件通过串并联连接，并通过一定的机械方式固定组合在一起的。除光伏电池组件的串并联组合外，光伏电池方阵还需要防反充（防逆流）二极管、旁路二极管、电缆等对电池组件进行电气连接，还需要配备专用的、带避雷器的直流接线箱。有时为了防止鸟粪等玷污光伏电池方阵表面而产生“热斑效应”，还要在方阵顶端安装驱鸟器。本任务主要学习电池方阵的组成。

[案例引导] 电池组件热斑效应的产生及解决

① 理解“热斑效应”，独立设计电路和参数表设计。分析在串、并联情况下“热斑效应”对电池组件输出功率的影响。

② 在完成知识点学习后，能独立设计电路，解决串、并联电池组的“热斑效应”。

[任务实施]

(1) 光伏电池组件的“热斑效应”

当光伏电池组件或某一部分被鸟粪、树叶、阴影等覆盖的时候，被覆盖部分不仅不能发电，还会被当作负载消耗其他有光照的光伏电池组件的能量，引起局部发热，这就是“热斑效应”。这种效应能严重地破坏光伏电池，严重的可能会使焊点熔化、封装材料破坏，甚至会使整个组件失效。产生“热斑效应”的原因除了以上情况外，还有个别质量不好的电池片混入电池组件、电极焊片虚焊、电池片隐裂或破损、电池片性能变坏等因素，需要引起注意。

(2) 光伏电池组件的串、并联组合

光伏电池方阵的连接有串联、并联和串并联混合三种方式。当每个单体的电池组件性能一致时，多个电池组件的串联连接，可在不改变输出电流的情况下，使方阵输出电压成比例地增加；而组件并联连接时，则可在不改变输出电压的情况下，使方阵的输出电流成比例地增加；串并联混合连接时，既可增加方阵的输出电压，又可增加方阵的输出电流。但是，组成方阵的所有电池组件性能参数不可能完全一致，所有连接电缆、插头插座的接触电阻也不相同，于是会造成各串联电池组件的工作电流受限于其中电流最小的组件，而各并联电池组件的输出电压又会被其中电压最低的电池组件钳制，因此方阵组合会产生组合连接损失，使方阵的总效率总是低于所有单个组件的效率之和。组合连接损失的大小取决于电池组件性能参数的离散性，因此除了在电池组件的生产工艺过程中，尽量提高电池组件性能参数的一致性外，还可以对电池组件进行测试、筛选、组合，即把特性相近的电池组件组合在一起。例如，串联组合的各组件工作电流要尽量相近，每串与每串的总工作电压也要考虑搭配得尽量相近，最大幅度地减少组合连接损失。因此，方阵组合连接要遵循下列几条原则：

① 串联时需要工作电流相同的组件，并为每个组件并接旁路二极管；

② 并联时需要工作电压相同的组件，并在每一条并联线路中串联防反充二极管；

③ 尽量考虑组件连接线路最短，并用较粗的导线；

④ 严格防止个别性能变坏的电池组件混入电池方阵。

(3)“热斑效应”对串联电池组输出功率的影响

图 3-6 为串联电池组件结构图。受遮挡电池组件定义为 2 号，用 *I-U* 曲线 2 表示，其余电池组件合起来定义为 1 号，由 *I-U* 曲线 1 表示，两者的串联方阵为组 (G)，用 *I-U* 曲线 G 表示。如图 3-7 所示。可以从 d、c、b、a 四种工作状态进行分析。

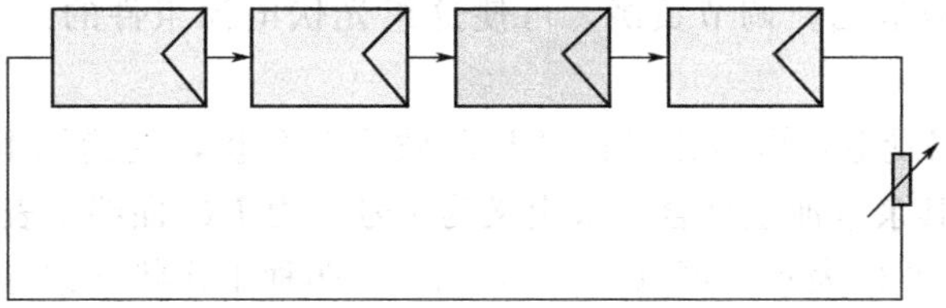

图 3-6 串联电池组件结构图

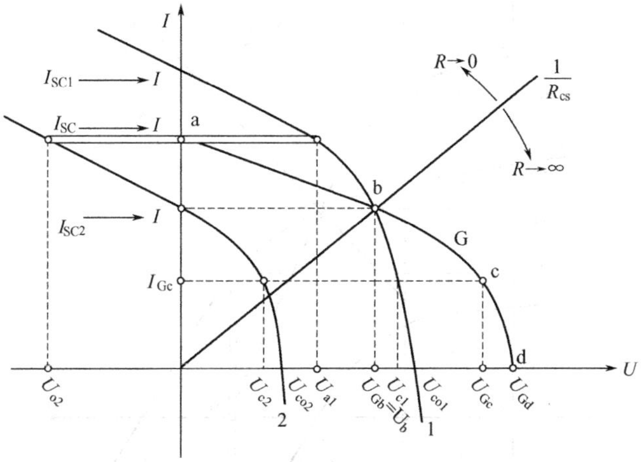

图 3-7 串联电池组件的热斑效应分析

① 调节负载，使其工作在开路点 d，此时工作电流为零，组开路电压 U_{Gd} 等于电池 1 和电池 2 的开路电压之和。

② 调节负载，使其工作在 c 点，电池 1 和电池 2 都有正的功率输出。

③ 调节负载，使其工作在 b 点，此时电池 1 仍然工作在正功率输出，而受遮挡的电池 2 已经工作在短路状态，没有功率输出，但也还没有成为电池 1 的负载。

④ 调节负载，使其工作在短路状态 a 点，此时电池 1 仍然有正的功率输出，而电池 2 上的电压已经反向，电池 2 成为电池 1 的负载。

应当注意到：并不是仅在电池组处于短路状态才会发生“热斑效应”，从 b 点到 a 点的工作区间，电池 2 都处于接收功率的状态，如旁路型控制器在蓄电池充满时将通过旁路开关使光伏电池短路，此时就很容易形成“热斑效应”。

(4)“热斑效应”对并联电池组输出功率的影响

多组并联的光伏电池组件也有可能形成“热斑效应”，图 3-8 为光伏电池组件的并联回

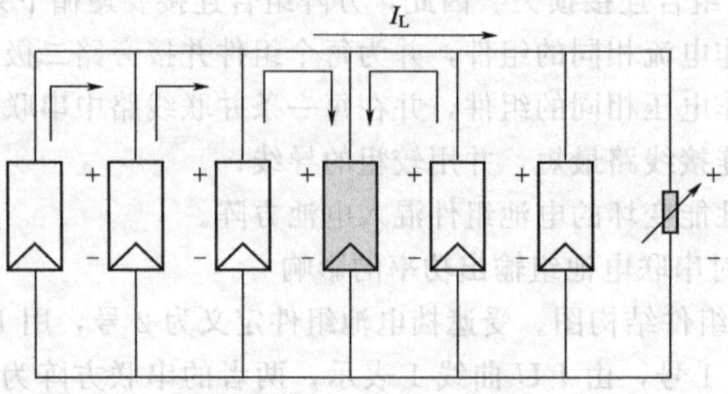

图 3-8 并联电池组件结构图

路，假设其中一个块被遮挡，调节负载，可使这组光伏电池组件的工作状态由开路到短路变化。

图 3-9 为并联回路受遮挡电池组件的“热斑效应”分析，受遮挡电池组件定义为 2 号，用 *I-U* 曲线 2 表示，其余电池组件合起来定义为 1 号，由 *I-U* 曲线 1 表示，两者的串联方阵为组（G），用 *I-U* 曲线 G 表示。可以从 d、c、b、a 四种工作状态进行分析。

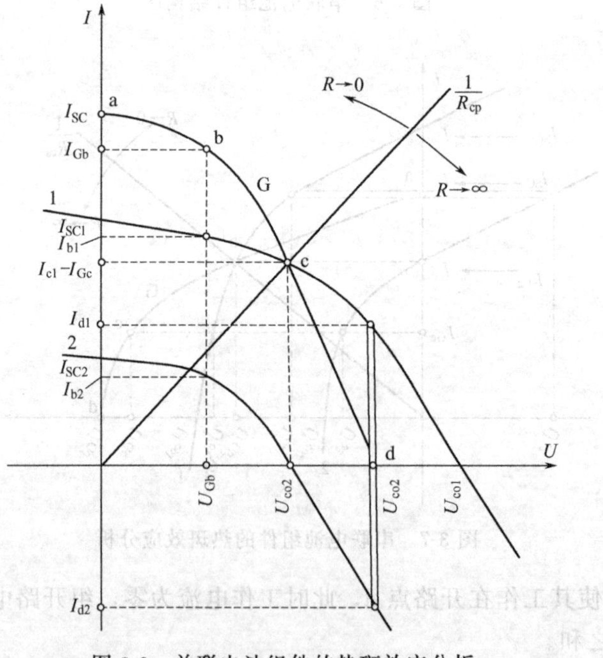

图 3-9 并联电池组件的热斑效应分析

① 调整光伏电池组的输出阻抗，使其工作在短路 a 点，此时电池组的工作电压为零，短路电流 I_{SC} 等于电池 1 和电池 2 的短路电流之和。

② 当调整负载使电池组工作在 b 点，电池 1 和电池 2 都有正的功率输出。

③ 当电池组工作在 c 点，此时电池 1 仍然工作在正功率输出，而受遮挡的电池 2 已经工作在开路状态，没有功率输出，但也还没有成为电池 1 的负载。

④ 当电池组工作在开路状态 d 点，此时电池 1 仍然有正的功率输出，而电池 2 上的电流已经反向，电池 2 成为电池 1 的负载。此时电池 1 的功率全部加到了电池 2 上，如果这种状态持续时间很长或电池 1 的功率很大，也会在被遮挡的电池 2 上造成热斑损伤。

应当注意到：从 c 点到 d 点的工作区间，电池 2 都处于接收功率的状态。并联电池组件处于开路或接近开路状态在实际工作中也有可能，对于脉宽调制控制器，要求只有一个输入端，当系统功率大，光伏电池会采用多组并联，在蓄电池接近充满时，脉宽度变窄，开关晶体管处于接近截止状态，光伏电池组件的工作点向开路方向移动，如果没有在各并联支路上加装阻断二极管，发生“热斑效应”的概率就会很大。

（5）防反充（防逆流）和旁路二极管

在光伏电池方阵中，二极管是很重要的器件。常用的二极管基本都是硅整流二极管，在选用时要注意规格。参数留有余量，防止击穿损坏。一般反向峰值击穿电压和最大工作电流都要取最大运行工作电压和工作电流的 2 倍以上。二极管在太阳能光伏发电系统中主要分为两类。

① 防反充（防逆流）二极管

防反充二极管的作用之一是防止光伏电池组件或方阵在不发电时蓄电池的电流反过来向组件或方阵倒送，不仅消耗能量，而且会使组件或方阵发热甚至损坏。作用之二是在电池方阵中，防止方阵各支路之间的电流倒送。这是因为串联各支路的输出电压不可能绝对相等，各支路电压总有高低之差，或者某一支路因为故障、阴影遮挡等使该支路的输出电压降低，高电压支路的电流就会流向低电压支路，甚至会使方阵总体输出电压降低。在各支路中串联接入防反充二极管，就避免了这一现象的发生。

在独立光伏发电系统中，有些光伏控制器的电路上已经接入了防反充二极管，即控制器带有防反充功能时，组件输出就不需要再接二极管了。

防反充二极管存在有正向导通压降，串联在电路中会有一定的功率消耗。一般用的硅整流二极管管压降为 0.7V 左右，大功率管可达 1～2V。肖特基二极管虽然管压降较低，为 0.2～0.3V，但其耐压和功率都较小，适合小功率场合应用。

② 旁路二极管

当有较多的光伏电池组件串联组成电池方阵或电池方阵的一个支路时，需要在每块电池板的正负极输出端反向并联 1 个（或 2～3 个）二极管。这个并联在组件两端的二极管就叫旁路二极管。

旁路二极管的作用是防止方阵串中的某个组件或组件中的某一部分被阴影遮挡或出现故

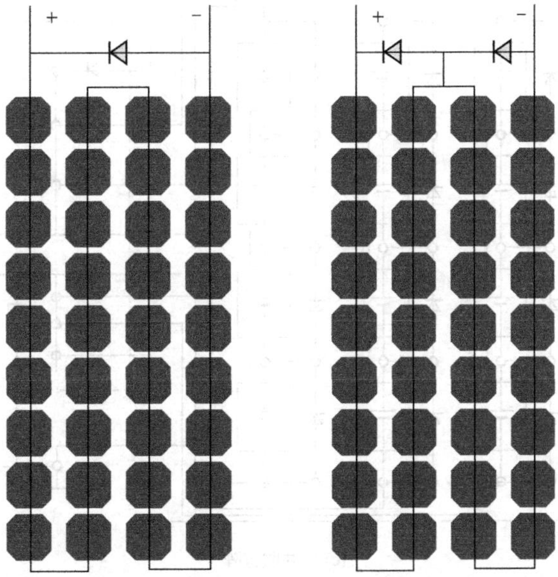

图 3-10　旁路二极管接法示意图

障停止发电时，在该组件旁路二极管两端会形成正向偏压，使二极管导通，经二极管旁路流过，不影响其他正常组件的发电。

旁路二极管一般都直接安装在组件接线盒内，根据组件功率的大小和电池片串的多少，安装 1～3 个二极管，如图 3-10 所示。其中，左图采用一个旁路二极管，当该组件被遮挡或有障碍时，组件将被全部旁路；右图采用 3 个二极管将电池组件分段旁路，当该组件的某一部分有故障时，可以做到只旁路组件的 1/3，其余部分仍然可以正常工作。

旁路二极管也不是任何场合都需要的，当组件单独使用或并联使用时，是不需要接二极

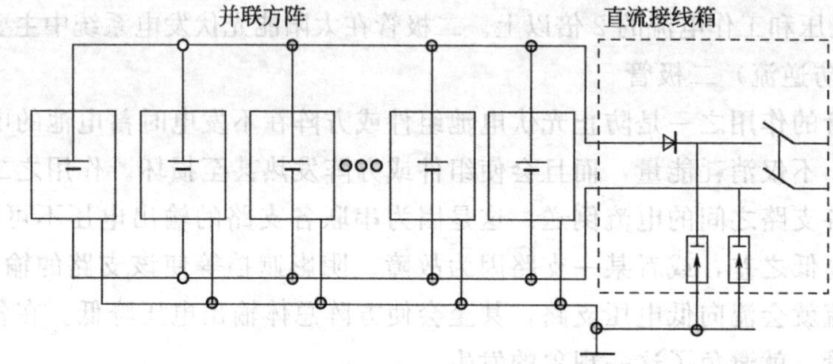

(a) 并联方阵

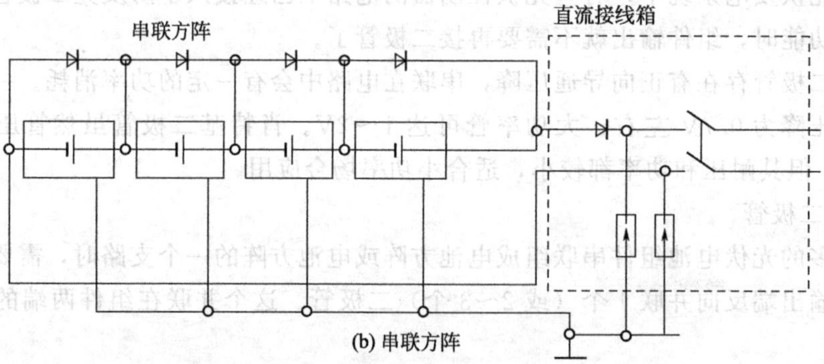

(b) 串联方阵

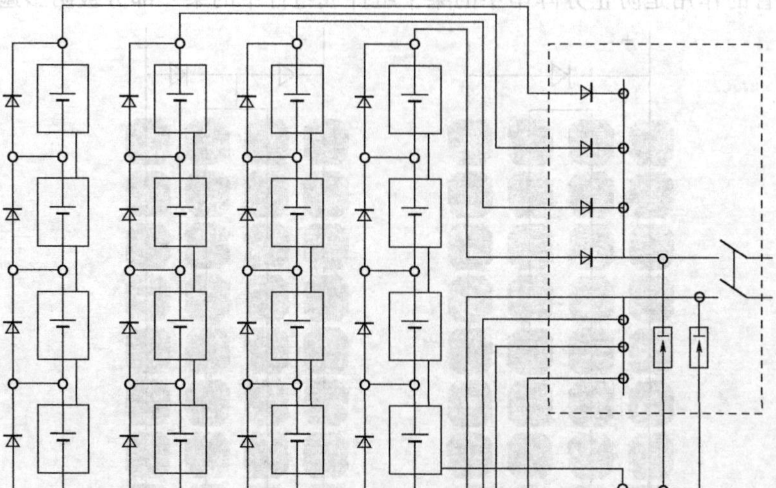

(c) 串并联方阵

图 3-11　光伏电池方阵基本电路示意图

管的。对于组件串联数量不多且工作环境较好的场合，也可以考虑不用旁路二极管。

（6）光伏电池方阵的电路

光伏电池方阵的基本电路由光伏电池组件串联、旁路二极管、防反充二极管和带防雷器的直流接线箱等构成。常见的电路形式有并联方阵电路、串联方阵电路和串并联混合方阵电路，如图 3-11 所示。

3.4 光伏方阵容量设计

［任务目标］

掌握光伏方阵容量计算方法。

［任务描述］

要实现定容量光伏发电系统设计，例如校园 2kW 光伏发电系统（独立），在给定光伏组件、方阵输出特性的情况下，如何选择和设计光伏组件方阵结构才能满足控制器、蓄电池及负载的要求。

［案例分析］ 电池容量设计

计算要为交流负载提供 4kW·h 电的独立光伏发电系统电池组件容量，并画出系统结构图和电池组件的拓扑结构图。

［任务实施］

（1）容量设计步骤

从实际负载功率需求出发，如何设计电池方阵容量，需要考虑当地辐射量、最佳倾斜角等参数的设置。其步骤如下。

① 根据负载情况，明确哪些负载需要光伏供电（从投资经济性出发）。

② 填写下表数据内容，统计当地负载用电情况，如有必要，需要考虑未来几年的负责增长情况。

编号	负载名称	AC/DC	负载功率	负载数量	合计功率/W	每日工作时间/h	每日耗电/W·h

③ 根据当地具体情况和负载特性确定光伏电站的基本设备配置（交流/直流、三相/单相、基本设备、备用电源、系统防雷设备等）。

④ 画出系统配置框图。

（2）方阵组合设计

光伏方阵根据负载需要，将若干个组件通过串联和并联进行组合连接，得到规定的输出电流和电压，为负载提供电力。方阵的输出功率与组件串并联的数量有关，串联是为了获得所需要的工作电压，并联是为了获得所需要的工作电流。

一般独立光伏系统电压往往被设计成与蓄电池的标称电压相对应或者是它的整数倍，而且与用电器的电压等级一致，如 220V、110V、48V、36V、24V、12V 等。交流光伏发电系统和并网光伏发电系统，方阵的电压等级往往为 110V 或 220V。对电压等级更高的光伏发电系统，则采用多个方阵进行串并联，组合成与电网等级相同的电压等级，如组合成600V、10kV等，再通过逆变器后与电网连接。

方阵所需要串联的组件数量主要由系统工作电压或逆变器的额定电压来确定，同时要考虑蓄电池的浮充电压、线路损耗以及温度变化等因素。一般带蓄电池的光伏发电系统方阵的输出电压为蓄电池组标称电压的1.43倍。对于不带蓄电池的光伏发电系统，在计算方阵的输出电压时一般将其额定电压提高10%，再选定组件的串联数。

例如，一个组件的最大输出功率为108W，最大工作电压为36.2V，设选用逆变器为交流三相，额定电压380V，逆变器采取三相桥式接法，则直流输出电压$U_{\mathrm{p}}=U_{\mathrm{ab}}/0.817=380/0.817\approx465\mathrm{V}$。再来考虑电压富余量，光伏电池方阵的输出电压应增大到$1.1\times465=512\mathrm{V}$，则计算出组件的串联数为$512\mathrm{V}/36.2\mathrm{V}\approx14$块。

下面再从系统输出功率来计算光伏电池组件的总数。现假设负载要求功率是30kW，则组件总数为$30000\mathrm{W}/108\mathrm{W}\approx277$块，从而计算出模块并联数为$277/14\approx20$，可选取并联数为20块。

结论：该系统应选择上述功率的组件14串联20并联，组件总数为$14\times20=280$块，系统输出最大功率为$280\times108\mathrm{W}\approx30.2\mathrm{kW}$。

（3）光伏方阵功率计算

要计算光伏组件的功率，必须要计算得到光伏方阵面上所接收到的辐射量。下面以固定方阵为例进行设计。

① 光伏方阵倾斜角确定

如果采用计算机辅助设计软件，应当进行光伏电池方阵倾斜角的优化计算，要求在最佳倾斜角时冬天和夏天辐射量的差异尽可能小，而全年辐射量尽可能大，两者应当兼顾，这对纬度高的地区尤其重要。高纬度地区的冬天和夏天水平面太阳能辐射差异非常大，如果按照水平面辐射量进行设计，则蓄电池的冬季存储量要远远大于阴雨天的存储量，这会造成蓄电池的设计容量和投资都加大。选择了最佳倾斜角，光伏电池方阵面上的冬夏季辐射量之差就会变小，蓄电池的容量可以减少，系统造价降低，设计更为合理。如果不用计算机进行倾斜角优化设计，也可以根据当地纬度，按照表2-6设计。

② 由水平面辐射量计算光伏电池方阵平面上的辐射量

一般来讲，光伏电池方阵面上的辐射量要比水平面辐射量高5%～15%不等。纬度越高，倾斜面比水平面增加的辐射量越大。

③ 将倾斜面方阵面上的辐射量换算成峰值日照时数

如果辐射量的单位为$\mathrm{cal/cm^2}$，则：

$$峰值日照时数=辐射量\times0.0116$$

其中，0.0116为将辐射量$\mathrm{cal/cm^2}$换算成峰值日照时数的换算系数。

例如：假定某地年水平面辐射量为$135\mathrm{kcal/cm^2}$，方阵面上的辐射量为$148.5\mathrm{kcal/cm^2}$，则年峰值日照时数为$148500\times0.0116=1722.6\mathrm{h}$，每日峰值日照时数为$1722.6/365=4.7\mathrm{h}$。

如果辐射量的单位是$\mathrm{MJ/m^2}$，则峰值日照小时数＝辐射量/3.6（换算系数）。

例如：假定某地年水平辐射量为$5643\mathrm{MJ/m^2}$，方阵面上的辐射量为$6207\mathrm{MJ/m^2}$，则年峰值日照小时数为$6207/3.6=1724\mathrm{h}$，每日峰值日照时数为$1724/365=4.7\mathrm{h}$。

④ 根据辐射量和负载数据计算光伏电池组件的功率、蓄电池的容量及控制器、逆变器和其他设备的容量

计算时应当确定系统的直流电压和交流输出电压。

⑤ 光伏电池方阵功率计算

首先确定光伏电池的输出厂家和技术参数。如输出厂家型号为PW500，最大功率为47.5WP，工作电压为17.0V（为12V蓄电池充电），工作电流2.8A。

光伏电池组件串联数＝系统直流电压(蓄电池电压)/12V

如果系统电压为220V，则光伏电池组件串联数为220/12＝18（块）。

光伏电池组件的并联数＝负载日耗电(W·h)/[系统直流电压(V)·日峰值日照·系统效率系数·光伏电池组件工作电流]

例如：负载日耗电10kW·h，光伏电池组件的并联数为：

$$10000/[220\times4.7\times0.9\times0.9\times0.85\times2.8]=5$$

式中，第一个0.9为蓄电池的充电效率；第二个0.9为20年内光伏电池组件衰减、方阵组合损失、尘埃遮挡等综合系数；0.85为逆变器转换效率；2.8为工作电流。这些系数可以根据实际情况进行修改。

光伏电池方阵总功率＝18×5×47.5＝4275Wp

(4) 阴影遮挡的计算

按照国家标准公式计算间距。当光伏电站功率较大，需要前后排布光伏电池方阵，或当光伏电池方阵附近有高大建筑物或树木的情况下，需要计算建筑物或前排方阵的阴影，以确定方阵间的距离或光伏电池方阵与建筑物的距离。

一般确定原则 冬至日当天早上9:00至下午3:00光伏电池方阵不应被遮挡。如图3-12所示，光伏电池方阵间距（或遮挡物与方阵底边距离）应不小于D：

$$D=\frac{\cos\beta\times H}{\tan[\arcsin(0.648\cos\alpha-0.399\sin\alpha)]}$$

式中，β为电站所在地冬至日上午9:00的太阳方位角；α为纬度角（在北半球为正、南半球为负）；H为光伏电池方阵或遮挡物与可能被遮挡组件底边高度差。

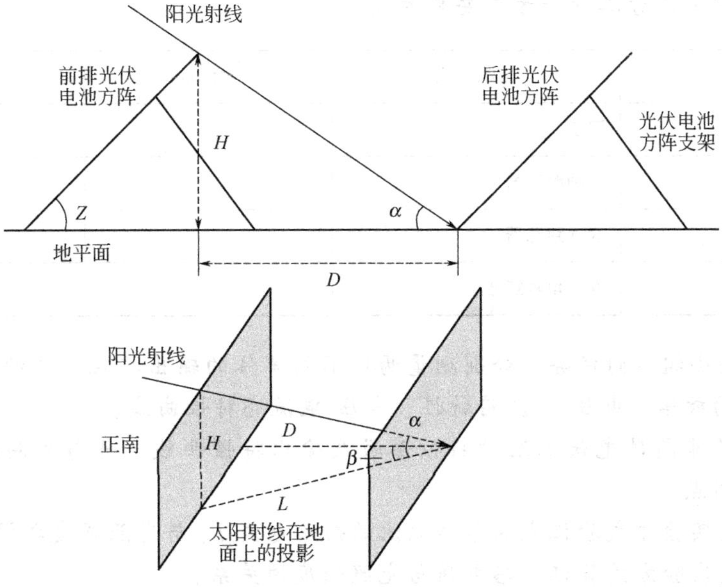

图3-12 阴影遮挡距离

(5) 光伏阵列跟踪方式

光伏电池为了获取最大太阳辐射资源，将采取多种安装方式，有“固定式”、“单轴跟踪”、“双轴跟踪”和“方位角跟踪”。如果光伏方阵是安装在固定的支架上，为“固定式”。如果方阵在跟踪器上，则可选择其他三种跟踪类型。跟踪器是一种支撑光伏方阵的装置，它精确地移动以使太阳入射光线射到方阵表面上的入射角最小，这样太阳入射辐射（即收集到的太阳能）最大。

光伏跟踪器可分为如下类型。

① 单轴跟踪器。它通过围绕位于光伏方阵面上的一个轴旋转来跟踪太阳。该轴可以有任一方向，但通常取东西横向、南北横向或平行于地轴的方向。

② 方位角跟踪器。它有一个固定的斜面，在一个垂直轴上转动。

③ 双轴跟踪器。它通过旋转两个轴使方阵表面始终和太阳光垂直。

图 3-13 说明了以上的三种跟踪类型。

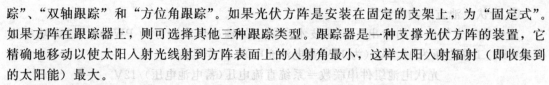

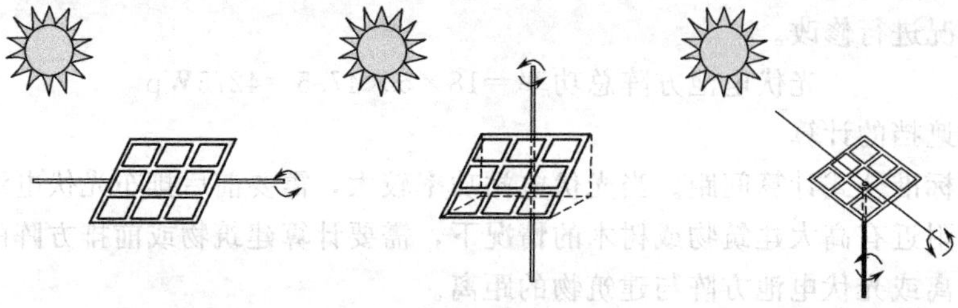

(a) 单轴跟踪　(b) 方位角跟踪　(c) 双轴跟踪

图 3-13　光伏阵列跟踪方式

思考题

1. 下表为杭州、上海、北京、银川等地的地理位置情况。按照本项目的内容，为此地区的光伏电池方阵设计方阵安装方式。

内容	跟踪方式	方位角	倾斜角
4kW 单晶硅阵列	固定		
4kW 多晶硅阵列	单轴跟踪器		
	双轴跟踪器		
	方位角跟踪器		

2. 根据小组不同任务，分别测量两块不同单体的输出特性，并绘制电池温度特性、光伏电池的效率、电压-电流暗特性、电压-电流亮特性曲线。

3. 测量非晶硅光伏电池的特性参数及输出特性曲线，并与单晶硅电池进行对比，分析其不同点。

4. 通过实验方式验证光伏单体电池的短路电流 I_{SC} 与光照强度之间的关系。

5. 通过实验方式验证开路电压与光照强度的关系。

6. 分析影响单体电池的最大功率要素，并阐述解决方法。

7. 设计功率 150W、输出电压 48V、电流 3A 的电池组件，并绘制示意图。

8. 参考实验室的 2kW 光伏发电系统的组件内容，测量实际情况，填写下表：

组件规格	串联情况	并联情况	开路电压	短路电流	峰值电压	峰值电流
单晶硅 180W						
对晶硅 120W						

9. 分析在纯并联光伏电池电路如何放置阻断二极管，防止“热斑效应”的产生。

10. 分析在纯串联光伏电池电路如何放置阻断二极管，防止“热斑效应”的产生。

11. 通过实验的方式，验证“热斑效应”对串、并联电池组输出功率的影响。

12. 通过实验的方式，在串、并联电路加入防反充（防逆流）二极管，验证其对电池组输出功率的影响。

项目 4

光伏储能设备认识及设计

[学习目标]

知识目标	能力目标
了解铅酸蓄电池的结构及种类； 掌握铅酸蓄电池的容量设计； 掌握铅酸蓄电池的充放电路工作原理； 掌握铅酸蓄电池的选型方法； 掌握超级电容器的工作原理及运用	能认识蓄电池和分析蓄电池特性； 能正确选择太阳能用蓄电池； 能正确使用太阳能用蓄电池； 能正确使用超级电容； 能进行蓄电池容量设计

[案例提示]

电池是一种化学电源，是在氧化还原的电化学过程中将化学能转化为电能，是光伏系统中重要的组成部件。由于太阳光变化无常，光伏系统的功率输出也变化无常，因此需要蓄电池对光伏系统产生的电能进行储存和调节。实际光伏发电系统，特别是独立光伏发电系统，蓄电池是主要的部件。对于一个合理的光伏发电系统，蓄电池的选择和容量设计是一个重要内容。

蓄电池在光伏发电系统中的作用如图 4-1 所示。

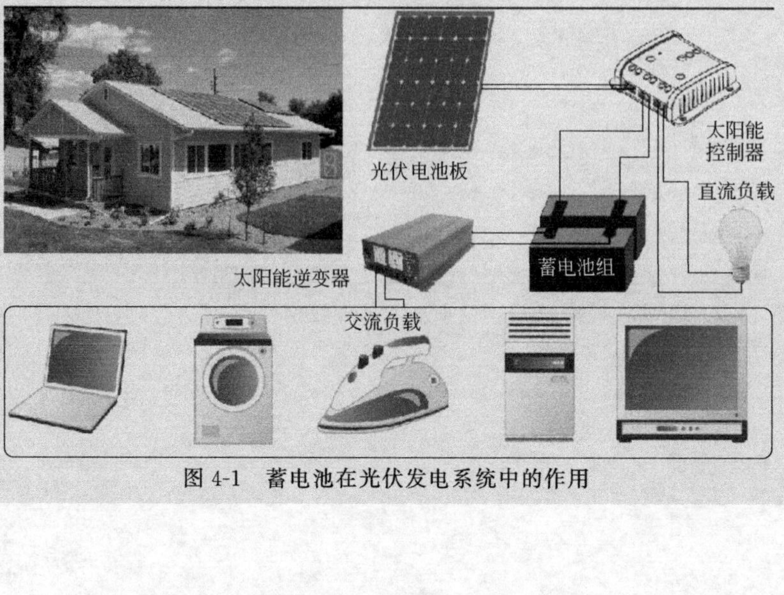

图 4-1　蓄电池在光伏发电系统中的作用

4.1 铅酸蓄电池的认识

[任务目标]

① 了解铅酸蓄电池种类和功能。

② 掌握铅酸蓄电池的工作原理。

③ 掌握铅酸蓄电池的主要技术参数。

[任务描述]

就目前市场而言，蓄电池主流产品有四类：铅酸蓄电池、镉镍蓄电池、氢镍蓄电池和锂蓄电池。尽管它们结构形态各异，但其工作原理都是将电能以化学能的形式储存起来，需要时将化学能转化电能。光伏系统常用的蓄电池是铅酸蓄电池。

[案例引导] 校园 8kW 光伏发电系统蓄电池认识

通过校园 8kW 光伏发电系统的蓄电池观察，将数据记入下表。

内容	蓄电池型号	单体容量	数量	输出电压
蓄电池				
蓄电池串并联结构				

[任务实施]

(1) 铅酸蓄电池概述

光伏阵列是光伏电站唯一的能量来源，由于太阳能辐射随天气阴晴变化不定，光伏发电场的输出功率和能量随时在波动，使得负载无法获得持续而稳定的电能供应，电力负载与电力生产量之间无法匹配。要解决上述问题，除了发展大面积高能效的光伏电池板外，还需要利用某种能量储存装置将光伏阵列发出的电能暂时储存起来，并使输出与负载平衡。太阳能光伏发电系统最普遍使用的能量储存装置就是蓄电池组，它们白天将光伏电池阵列的直流电转换为化学能储存起来，并随时向负载供电。同时，蓄电池组还能在因阳光强弱相对过大或设备耗电突然发生变化时，起一定的调节作用，使电压趋于平稳，从而改善系统的供电质量。

铅酸蓄电池于 1859 年由普兰特（Plante）发明，至今已有 150 多年历史。铅酸蓄电池的工艺、结构、生产、性能和应用在不断发展，其凭借性能优良、质量稳定、容量大、运行可靠、价格低、放电时电动势稳定的特点，在电力、通信、船舶交通、应急照明、光伏发电系统中得到了广泛的应用。

蓄电池有铅酸蓄电池（图 4-2)、碱性蓄电池（图 4-3)、锂离子蓄电池（图 4-4)、镍氢蓄电池（图 4-5）等，它们广泛应用于不同的场合或产品中。由于容量、性能及成本的原因，目前在国内与光伏发电系统配套使用的蓄电池主要是铅酸蓄电池。

(2) 铅酸蓄电池的结构

铅酸蓄电池结构如图 4-6 所示，主要由正负极板、接线端子、隔板、安全阀、电解槽、跨桥、电池盖、接头密封材料及附件等部分组成。

图 4-2 铅酸蓄电池外形图

图 4-3 碱性蓄电池外形图

图 4-4 锂离子蓄电池外形图

图 4-5 镍氢蓄电池外形图

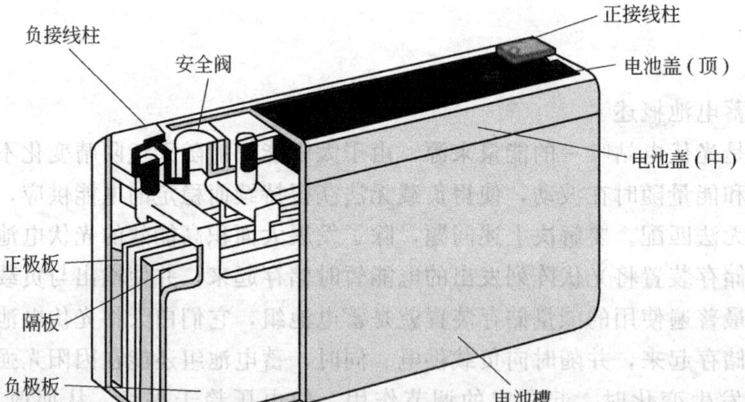

图 4-6 铅酸蓄电池的结构

① 正负极板

蓄电池的充电过程是依靠极板上的活性物质和电解液中硫酸的化学反应来实现的。正极板上的活性物质是深棕色的二氧化铅（PbO_2），负极板上的活性物质是海绵状、青灰色的纯铅（Pb）。正、负极板的活性物质分别填充在铅锑合金铸成的栅架上，加入锑的目的是提高栅架的机械强度和浇铸性能。但锑有一定的副作用，锑易从正极板栅架中解析出来而引起蓄电池的自行放电和栅架的膨胀、溃烂，从而影响蓄电池的使用寿命。负极板的厚度为1.8mm，正极板为2.2mm，为了提高蓄电池的容量，国外大多采用厚度为1.1~1.5mm的薄型极板。另外，为了提高蓄电池的容量，将多片正、负极板并联，组成正、负极板组。在每单格电池中，负极板的数量总比正极板多一片，正极板都处于负极板之间，使其两侧放电均匀，否则因正极板机械强度差，单面工作会使两侧活性物质体积变化不一致，造成极板弯曲。

② 隔板

为了减少蓄电池的内阻和体积，正、负极板应尽量靠近，但彼此又不能接触而短路，所以在相邻正负极板间加有绝缘隔板。隔板应具有多孔性，以便电解液渗透，而且应具有良好的耐酸性和抗碱性。隔板材料有木质、微孔橡胶、微孔塑料等。近年来，还有将微孔塑料隔板做成袋状，紧包在正极板的外部，防止活性物质脱落。

③ 电池槽和电池盖

蓄电池的外壳是用来盛放电解液和极板组的，外壳应耐酸、耐热、耐震，以前多用硬橡胶制成，现在国内已开始生产聚丙烯塑料外壳。这种壳体不但耐酸、耐热、耐震，而且强度高，壳体壁较薄（一般为 3.5mm，而硬橡胶壳体壁厚为 10mm），重量轻，外形美观、透明。壳体底部的凸筋是用来支持极板组的，并可使脱落的活性物质掉入凹槽中，以免正负极板短路。若采用袋式隔板，则可取消凸筋以降低壳体高度。

④ 电解液

电解液的作用是使极板上的活性物质发生溶解和电离，产生电化学反应，传导溶液正负离子。它由纯净的硫酸与蒸馏水按一定的比例配制而成。电解液的相对密度一般为 1.24～1.30（15℃）。

⑤ 正负接线柱

蓄电池各单格电池串联后，两端单格的正负极桩分别穿出蓄电池盖，形成蓄电池正负接线柱，实现电池与外界的连接，传导电池。接线柱的材质一般是钢材镀银，正极标“＋”号或涂红色，负极标“－”号或涂蓝色、绿色。

⑥ 安全阀

一般由塑料材料制成，对电池起密封作用，阻止空气进入，防止极板氧化。同时可以将充电时电池内产生的气体排出电池，避免电池产生危险。使用时，必须将排气栓上的盲孔用铁丝刺穿，以保证气体溢出通畅。

（3）铅酸蓄电池的基本工作原理

蓄电池通过充电过程将电能转化为化学能，使用时通过放电将化学能转化为电能。

铅酸蓄电池充放电反应原理化学反应式为：

$$PbO_2 + 2H_2SO_4 + Pb = PbSO_4 + 2H_2O + PbSO_4$$

当铅酸蓄电池接通外电路负载放电时，正极板上的 PbO_2 和负极板的 Pb 都变成了 $PbSO_4$，电解液的硫酸变成了水；充电时，正负极板上的 $PbSO_4$ 分别变成原来的 PbO_2 和 Pb，电解液中的水变成了硫酸。

性能较好的蓄电池可以反复充放电上千次，直至活性物质脱落不能再用。随着放电的继续进行，蓄电池中的硫酸逐渐减少，水分增多，电解液的相对密度降低；反之，充电时蓄电池中水分减少，硫酸浓度增大，电解液相对密度上升。大部分的铅酸蓄电池放电后的密度在 1.1～1.3kg/cm^3，充满电后的密度在 1.23～1.3kg/cm^3，所以在实际工作中，可以根据电解液相对密度的高低判断蓄电池充放电的情况。这里必须注意的是，在正常情况下，蓄电池不要放电过度，不然将会使活性物质（正极的 PbO_2，负极的海绵状铅）与混在一起的细小硫酸铅结晶成较大的结晶体，增大了极板电阻。按规定铅酸电池放电深度（即每一充电循环中的放电容量与电池额定电容量之比）不能超过额定容量的 75%，以免再充电时很难复原，缩短蓄电池的寿命。

(4) 铅酸蓄电池的主要技术参数

① 铅酸蓄电池的基本概念

a. 蓄电池充电　蓄电池充电是指通过外电路给蓄电池供电，使电池内发生化学反应，从而把电能转化成化学能而存储起来的操作过程。

b. 过充电　过充电是指对已经充满电的蓄电池或蓄电池组继续充电。

c. 放电　放电是指在规定的条件下，蓄电池向外电路输出电能的过程。

d. 自放电　蓄电池的能量未向外电路放电而自行减少，这种能量损失的现象叫自放电。

e. 活性物质　在蓄电池放电时发生化学反应，从而产生电能的物质，或者说是正极和负极存储电能的物质，统称为活性物质。

f. 放电深度　放电深度是指蓄电池在某一放电速率下，电池放电到终止电压时实际放出的有效容量与电池在该放电速率的额定容量的百分比。放电深度和电池循环使用次数关系很大，放电深度越大，循环使用次数越少：放电深度越小，循环使用次数越多。经常使电池深度放电，会缩短电池的使用寿命。

g. 极板硫化　在使用铅酸蓄电池时要特别注意的是：电池放电后要及时充电，如果蓄电池长时期处于亏电状态，极板就会形成 $PbSO_4$ 晶体。这种大块晶体很难溶解，无法恢复原来的状态，将会导致极板硫化无法充电。

h. 相对密度　相对密度是指电解液与水的密度的比值。相对密度与温度变化有关，25℃时，充满电的电池电解液相对密度值为 $1.265g/cm^3$，完全放电后降至 $1.120g/cm^3$。每个电池的电解液密度都不相同，同一个电池在不同的季节，电解液密度也不一样。

② 铅酸蓄电池常用技术术语

a. 蓄电池的容量　处于完全充电状态下的铅酸蓄电池在一定的放电条件下，放电到规定的终止电压时所能给出的电量称为电池容量，以符号 C 表示。常用单位是安时（A·h）。通常在 C 的下角处标明放电时率，如 C_{10} 表明是 10 小时率的放电容量，C_{60} 表明是 60 小时率的放电容量。

电池容量分为实际容量和额定容量。实际容量是指电池在一定放电条件下所能输出的电量。额定容量（标称容量）是按照国家或有关部门颁布的标准，在电池设计时要求电池在一定的放电条件下（如在 25℃环境下以 10 小时率电流放电到终止电压）应该放出的最低限度的电量值。

b. 放电率　根据蓄电池放电电流的大小，放电率分为时间率和电流率。时间率是指在一定放电条件下，蓄电池放电到终了电压时的时间长短，常用时率和倍率表示。根据 IEC 标准，放电的时间率有 20 小时率、10 小时率、5 小时率、3 小时率、1 小时率、0.5 小时率，分别标示为 20h、10h、5h、3h、1h、0.5h 等。电池的放电率越高，放电电流越大，放电时间就越短，放出的相应容量就越少。

c. 终止电压　终止电压是指在蓄电池放电过程中，电压下降到不宜再放电时（非损伤放电）的最低工作电压。为了防止电池过放电而损害极板，在各种标准中都规定了在不同放电率和温度下放电时电池的终止电压。单体电池，一般 10 小时率和 3 小时率放电的终止电压为每单体 1.8V，1 小时率的终止电压为每单体 1.75V。由于铅酸蓄电池本身的特性，即使放电的终止电压继续降低，电池也不会放出太多的容量，但终止电压过低对电池的损伤极大，尤其当放电达到 0V 而又不能及时充电时，将大大缩短蓄电池的寿命。对于太阳能光伏发电系统用的蓄电池，针对不同型号和用途，放电终止电压设计也不一样。终止电压视放电速率和需要而定。通常，小于10h的小电流放电，终止电压取值稍高一些；大于10h的大电流放电，终止电压取值稍低一些。

d. 电池电动势　蓄电池的电动势在数值上等于蓄电池达到稳定时的开路电压。电池的开路电压是无电流状态时的电池电压。当有电流通过电池时所测量的电池端电压的大小将是变化的，其电压值既与电池的电流有关，又与电池的内阻有关。

e. 浮充寿命　蓄电池的浮充寿命是指蓄电池在规定的浮充电压和环境温度下，蓄电池寿命终止时浮充运行的总时间。

f. 循环寿命　蓄电池经历一次充电和放电，称为一个循环（一个周期）。在一定的放电条件下，电池使用至某一容量规定值之前，电池所能承受的循环次数，称为循环寿命。影响蓄电池循环寿命的因素是综合因素，不仅与产品的性能和质量有关，而且还与放电率和深度、使用环境和温度及使用维护状况等外在因素有关。

g. 过充电寿命　过充电寿命是指采用一定的充电电流对蓄电池进行连续过充电，一直到蓄电池寿命终止时所能承受的过充电时间。其过充电寿命终止条件一般设定在容量低于10小时率额定容量的80%。

h. 自放电率　蓄电池在开路状态下的储存期内，由于自放电而引起活性物质损耗，每天或每月容量降低的百分数称为自放电率。自放电率指标可衡量蓄电池的储存性能。

i. 电池内阻　电池内阻不是常数，而是一个变化的量，它在充放电的过程中随着时间不断地变化，这是因为活性物质的组成、电解液的浓度和温度都在不断变化。铅酸蓄电池的内阻很小，在小电流放电时可以忽略，但在大电流放电时，将会有数百毫伏的电压降损失，必须引起重视。蓄电池的内阻分为欧姆内阻和极化内阻两部分。欧姆内阻主要由电极材料、隔膜、电解液、接线柱等构成，也与电池尺寸、结构及装配因素有关。极化内阻是由电化学极化和浓差极化引起的，是电池放电或充电过程中两电极进行化学反应时极化产生的内阻。极化电阻除与电池制造工艺、电极结构及活性物质的活性有关外，还与电池工作电流大小和温度等因素有关。电池内阻严重影响电池工作电压、工作电流和输出能量，因而内阻越小的电池性能越好。

j. 比能量　比能量是指电池单位质量或单位体积所能输出的电能，单位分别是W·h/kg或W·h/L。比能量有理论比能量和实际比能量之分，前者指1kg电池反应物质完全放电时理论上所能输出的能量，实际比能量为1kg电池反应物质所能输出的实际能量，由于各种因素的影响，电池的实际比能量远小于理论比能量。比能量是综合性指标，它反映了蓄电池的质量水平，也反映了生产厂家的技术和管理水平。现实中常用比能量来比较不同厂家生产的蓄电池，该参数对于光伏发电系统的设计非常重要。

（5）铅酸蓄电池型号识别

铅酸蓄电池的名称由单体蓄电池的格数、型号、额定容量、电池功能和形状等组成。通常分为三段表示（图4-7）。第一段为数字，表示单体电池的串联数。每一个单体蓄电池的

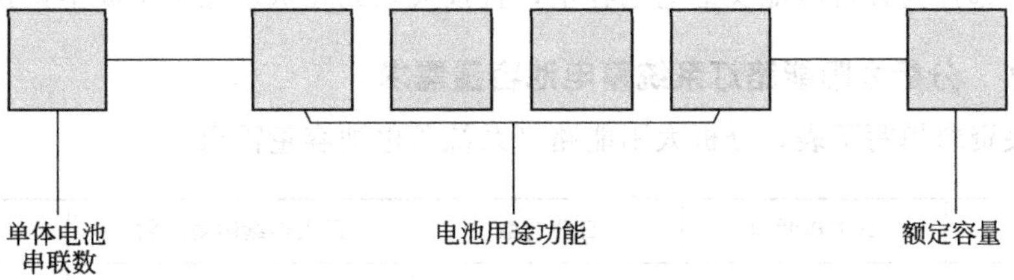

图4-7　蓄电池型号

标称电压为 2V，当单体蓄电池串联数（格数）为 1 时，第一段可省略，6V、12V 蓄电池分别用 3 和 6 表示。第二段为 2～4 个汉语拼音字母，表示蓄电池的类型、功能和用途等。第三段表示电池的额定容量。蓄电池常用汉语拼音字母的含义如表 4-1 所示。

表 4-1 蓄电池常用汉语拼音字母的含义

第 1 个字母	含义	第 2、3、4 个字母	含义
Q	启动用	A	干荷电式
G	固定用	F	防酸式
D	电瓶车用	FM	阀控式密封
N	内热机用	W	无需维护
T	铁路客车用	J	胶体
M	摩托车用	D	带液式
KS	矿灯酸性用	J	激活式
JC	舰船用	Q	气密式
B	航标灯用	H	湿荷式
TK	坦克用	B	半密闭式
S	闪光用	Y	液密式

例如：6QA-120 表示有 6 个单体电池串联，标称电压为 12V，启动用蓄电池，装有干荷电式极板，20 小时率额定容量为 120A·h。

GFM-800 表示为 1 个单体电池，标称电压为 2V，固定式阀控密封型蓄电池，20 小时率额定容量为 800A·h。

6-GFMJ-120 表示有 6 个单体电池串联，标称电压为 12V，固定式阀控密封型胶体蓄电池，20 小时率额定容量为 120A·h。

4.2 蓄电池的选择及容量设计

[学习目标]

① 掌握太阳能用蓄电池类型的选择。

② 掌握蓄电池容量的计算方法。

[任务描述]

在独立光伏太阳能发电系统中，对蓄电池的要求主要与当地的气候和使用方式有关，因此各有不同。选择何种蓄电池及蓄电池容量，直接关系到光伏发电系统成本及技术指标。

[案例引导] 分析太阳能路灯系统蓄电池容量需求

查阅相关资料填写下表，分析太阳能路灯系统蓄电池容量需求。

负载功率	日工作时间	日照时数	最大连续阴雨天数	容量

[任务实施]

光伏系统用的蓄电池主要有铅酸蓄电池、碱性蓄电池、锂离子蓄电池和镍氢蓄电池等，这四种电池各有缺点，在选购蓄电池时，要根据运用情况进行选择。

（1）光伏发电储能专用铅酸蓄电池

为适应光伏电站对蓄电池的要求，我国进行了光伏专用铅酸蓄电池的研制，并取得了一定进展。国内尚无光伏发电储能专用铅酸蓄电池技术标准和检测标准，一些厂家虽在开发、试制专用储能铅酸蓄电池方面进行了努力，但技术不够成熟且品种较少，因此，目前选用完全适合于光伏发电的储能专用铅酸蓄电池仍受到一定限制。

（2）固定型铅酸蓄电池

固定型铅酸蓄电池的优点是：容量大，单位容量价格便宜，使用寿命长，轻度硫酸化可恢复。与启动用蓄电池相比，固定型蓄电池的性能更贴近光伏系统的要求。目前在功率较大的光伏电站多数采用固定型（开口式）铅酸蓄电池。固定型铅酸蓄电池的主要缺点是需要维护。在干燥气候地区，此类蓄电池需要经常添加蒸馏水，检查和调整电解液的相对密度。此外，固定型蓄电池带液运输时，电解液有溢出的危险，运输时须做好防护措施。

（3）密封型铅酸蓄电池

近年来，我国开发了蓄电池的密封和免维修技术，引进了密封型铅酸蓄电池生产线。因此，在光伏发电系统中也开始选用专门的维护，即使倾倒电解液也不会溢出，不向空气中排放氢气和酸雾，安全性能好；缺点是对过充电敏感，当长时间反复过充电后，电极板易变形，且间隔较普通固定型铅酸蓄电池高，因此对过充电保护器件性能要求高。近年来，国内小功率光伏电池已选用密封型铅酸蓄电池，10kW 级以上的光伏电站也开始采用密封型铅酸蓄电池。随着工艺技术的不断提高以及生产成本的降低，密封型铅酸蓄电池在光伏发电领域的应用将不断扩大。

（4）碱性蓄电池

目前常见的碱性蓄电池有镉镍电池和铁镍电池。与铅酸蓄电池相比，碱性蓄电池（指镉镍电池）主要优点是对过充电、过放电的耐受能力强；反复深放电对蓄电池寿命无大的影响；在高负荷和高温条件下仍具较高的效率，维护简便，循环寿命长。缺点是内电阻大，电动势小，输出电压较低，价格高（约为铅酸蓄电池的 2～3 倍）。

（5）确定蓄电池容量的主要因素

① 蓄电池单独工作的天数。在特殊气候条件下，蓄电池允许放电达到蓄电池所剩容量占正常额定容量的 20%（放电深度 80%）。

② 蓄电池每天放电容量。对于日负载稳定且要求不高的场合，日放电周期深度可限制在蓄电池所剩容量占额定容量的 80%（放电深度 20%）。

③ 蓄电池要有足够的容量来保证不会由于过充电造成失水。一般在选择电池容量时，只要蓄电池容量大于光伏电池方阵峰值电流的 25 倍，则蓄电池在充电时不会造成失水。

④ 蓄电池的自放电。随着电池使用时间的延长及电池温度的升高，自放电率会增加。对于新的电池，自放电率通常小于容量的 5%；但对于旧的、质量不好的电池，自放电率可增至容量的 10%～15%。

在水情遥测光伏系统中，连续阴雨天的长短决定蓄电池的容量。由遥测设备在连续阴雨天中所消耗能量的安时数加上 20%的因素，再加上 10%电池自放电安时数，便可计算出蓄电池所需额定容量。

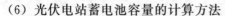

(6) 光伏电站蓄电池容量的计算方法

在确定蓄电池容量时，并不是容量越大越好，一般以20%为限。因为在日照不足时，蓄电池组可能维持在欠充电状态，这种欠充电状态导致电池硫酸化增加，容量降低，寿命缩短。不合理地加大蓄电池容量，将增加光伏系统的成本。

在独立光伏发电系统中，对蓄电池的要求主要与当地气候及使用方式有关，因此各有不同，例如，标称容量有5小时率、24小时率、72小时率、100小时率、240小时率以及720小时率。每天的放电深度也不相同，南美的秘鲁用于“阳光计划”的蓄电池要求每天40%～50%的中等深度放电，而我国“光明工程”项目有的用户系统使用的电池只进行20%～30%左右的放电深度。因此选择太阳能用蓄电池应既要经济又要可靠，不仅要防止在长期阴雨天气时导致电池的储存容量不够，达不到使用目的，又要防止电池容量选择过小，不利于正常供电，并影响其循环使用寿命，从而也限制了光伏发电系统的使用寿命，同时也要避免容量过大，增加成本，造成浪费。

确定蓄电池容量的公式为：

$$C=\frac{DFP_0}{LUK_a} \tag{4-1}$$

式中，C为蓄电池容量，kW·h(A·h)；D为最长无日期间用电时数，h；F为蓄电池放电效率的修正系数（通常取1.05）；P_0为平均负荷容量，kW；L为蓄电池的维修保养率（通常取0.8）；U为蓄电池的放电深度（通常取0.5）；K_a为包括逆变器等交流回路的损耗率（通常取0.7～0.8）。

式(4-1) 可简化为：

$$C=3.75DP_0 \tag{4-2}$$

这是根据平均负荷容量和最长连续无日照时的用电时数算出的蓄电池容量的简便公式。由于蓄电池容量一般以安时数表示，因此蓄电池容量应该为：

$$C'(\mathrm{A\cdot h})=1000\times\frac{C(\mathrm{W\cdot h})}{U}$$

$$C'(\mathrm{A\cdot h})=IH$$

式中，C'为蓄电池容量，A·h；U为光伏系统的电压等级（系统电压），通常为12V、24V、48V、110V或220V。

例如，基本要求为：可为400W的负载连续5天阴雨天的情况下供电；蓄电池能放电到其额定容量的75%～80%，性能正常，并保证其具有5年使用寿命。

阀控式密封铅酸蓄电池放电容量如表4-2所示。

表4-2 阀控式密封铅酸蓄电池的放电容量 A·h

电池类型	10h放电容量	3h放电容量	1h放电容量
GFM-800	870～900	620～673.3	403～469.3
GFM-1000	1060～1090	825～900	625～675
GFM-1500	1700～1720	1216～1237	800～850

功率400W光伏电池方阵用蓄电池选型容量计算如下。

逆变器的转换效率为0.75，负载为400W，故实际所需功率为400/0.75=533W。

电压为24V，则电流I=533/24=22.2A。

如果连续使用5天，即120h，则放电容量为22.2×120=2664A·h。如果按电池的

80%利用率计算，则对电池的额定容量要求为：

$$容量\ C=2664/0.8=3330(A\cdot h)$$

正常使用情况下，按照此设计，正常白天充电、晚上蓄电池放电（以放电12h为例）的情况下（负载工作6～12h），逆变器转换效率按75%进行计算，该蓄电池的放电深度为：

$$U=22.2\times12/3330=8.0\%$$

方案1 用2组1500A·h电池并联使用。从上述测试数据可以看出，1500A·h的电池容量比较富余，其10h容量平均可以达到1700A·h。如果采用2组并联，容量可以达到3330A·h以上，可以满足要求。这一方案的优点是容量可以达到要求并有富余，同时只需要2组电池，维护相应较少，电池占的空间要少。

方案2 用4组800A·h电池并联使用。800A·h电池10h的放电平均容量为880A·h，如果采用4组并联，其容量可以达到3500A·h，足以达到3330A·h，容量比较富余。这一方案的优点是使用4组为800A·h的电池并联，容量更充分；其缺点是要并联使用4组电池，相对于1500A·h的电池，成本要增加，所占场地或体积、空间要增加，维护工作也要多些。

（7）充放电要求

① 初期充电

在电池储存和运输过程中电池有一些自放电，在运行过程中必须进行初期充电。其方法为：储存时间在6个月内，恒压2.35V/单体，充电8h；储存时间12个月内，恒压2.35V/单体，充电12h；储存时间24个月内，恒压2.35V/单体，充电24h。

② 均衡充电

系列电池在下列情况下需要对电池组进行均衡充电：

a. 电池系统安装完毕后，对电池进行补充充电；

b. 电池组浮充运行3个月后，有单体电池电压低于2.18V，12V系列电池电压低于13.08V（2.18×6）；

c. 电池搁置停用时间超过3个月；

d. 电池全浮充运行达3个月。

均衡充电的方法推荐采用2.35V/单体充电24h。注意，上述充电时间是指温度范围在20～30℃，如果环境温度下降，则充电时间应增加，反之亦然。

③ 电池充电

电池放电后应及时充电。充电方法推荐为以0.1C_{10}的恒电流对电池组充电，到电池单体平均电压上升到2.35V，然后改用2.35V/单体进行恒压充电，直到充电结束。用上述方法进行充电，其是否充足电可以用以下条件中任意一条来判断：

a. 充电时间18～24h（非深放电时间可短，如20%的放电深度的电池充电时间可缩短为10h）；

b. 电压恒定情况下，充电末期，连续3h充电电流值不变。

在特殊情况下，电池组需尽快充足电可采用快速充电方法，即限流值小于等于0.15C_{10}，充电压为2.35V/单体。

4.3 蓄电池的选购、安装、维护

［学习目标］

① 了解蓄电池选购的步骤及注意事项。

② 掌握铅酸蓄电池安装和安装工艺要求。

[任务描述]

目前市场上蓄电池的品牌较多，有国内和国外的品牌，选购时一定根据实际情况按照选购步骤进行选购，确保蓄电池尽量满足光伏系统的要求。蓄电池的安装涉及两方面的内容：一是电池柜安装，二是蓄电池本身的安装。

[任务实施]

(1) 铅酸蓄电池的选购

① 选购步骤

a. 了解太阳能对蓄电池的特殊要求。

b. 蓄电池类型的确定。

c. 蓄电池容量的确定。

② 太阳能用蓄电池的几点特殊要求

a. 额定容量。现有固定型 VRLA（免维护）蓄电池，机械、邮电、电力等行业的标准为 10 小时率容量，JB/T9653—1999《储能用铅酸蓄电池》标准规定的 30 小时率容量，这主要针对干荷电铅酸蓄电池而言。对于固定型 VRLA 电池，最好采用 20 小时率或 24 小时率，以满足每天使用 5 小时，能承受 3 天无太阳的日常供电。

b. 低温放电和充电的性能。

c. 充电效率和深度放电后恢复性能。由于密封型铅酸蓄电池在运行中处于不完全充电状态，有时还存在深度放电后的静置问题，因此蓄电池的充电效率和深度放电后的恢复性能是重要的指标。

d. 使用寿命。12V 蓄电池系列在 5 年左右，2V 蓄电池系列在 8 年左右。

e. 可在海拔 5000m 以上使用。

f. 蓄电池组内各单体电池的一致性。

单体电池一致性不仅包括电池的开路电压、初期容量，而且还包括电池内阻、自放电以及充电效率等方面，这就要求从铸板工序开始到各项检测都必须控制在较小公差范围内。采用机械铸板、涂板、板极定量称重和定量灌酸胶等工序，是电池一致性的基本保障。

(2) 防震架安装及工艺要求

① 安装用具准备

a. 主要工器具、量具：电焊机、电锤、水平仪、米尺、手锤、活口扳手。

b. 蓄电池安装主要工器具、量具：撬棍、活口扳手、米尺、万用表。

c. 防护用品：耐酸工作服、耐酸胶靴、耐酸长筒手套、防护眼镜、工作帽、手巾、口罩、灭火器、小苏打。

② 防震架安装前的准备工作

a. 在施工前，施工人员首先要熟悉设计图纸及厂家说明书，并进行安全和施工交底。

b. 土建移交蓄电池室，达到防震架安装条件。

c. 检查工器具是否齐全，检查工器具均应达到安装规定标准，禁止使用不合格的工器具。蓄电池室门口与直流配电室须有足够的灭火器。

③ 防震架安装

a. 根据图纸的具体尺寸安装防震架。先将防震架组装好，放到台子上，标出固定的位置，再移下防震架。

b. 用水平仪测出每个固定点的具体标高，找出最高点，用膨胀螺栓固定好最高处的固定点，以此固定点为基准，固定好其余各个固定点。

c. 移交土建，防震架验收合格后，移交土建贴耐酸瓷砖。

④ 防震架安装质量要求

a. 防震架组装要牢固、无变形。符合设计尺寸：水平度每米≤2mm，垂直度每米≤1.5mm。

b. 防震架固定牢固。

(3) 铅酸蓄电池的安装

① 安装蓄电池准备工作

a. 蓄电池室应有充足的照明，水源、通风等设施，且内部装饰已完工。

b. 蓄电池应备有清水及小苏打水，并明显标示。

c. 戴好绝缘手套，使用绝缘工具，以免电击和蓄电池短路。

d. 土建移交手续齐全。

② 蓄电池安装步骤

a. 用撬棍打开包装箱，注意撬棍的着力点及用力方向，不可损伤蓄电池。打开包装箱后，检查蓄电池的备件、连板、耐酸连接螺栓、合格证是否齐全。

b. 检查蓄电池有无物理性损坏，蓄电池外壳、内部极板是否有裂纹、变形。

c. 检查蓄电池极性是否符合设计要求，液面是否合乎要求。

d. 及时清理包装箱，运至指定地点，集中存放。检查确认蓄电池合格后，方可进行就位安装。

e. 开箱检查完毕后的蓄电池，用小拖车运至蓄电池室内，将门形架推至蓄电池组台子与墙壁较宽敞的一头，用倒链及吊带起吊蓄电池到合适的高度，推动门形架到蓄电池安装位置，落下蓄电池，按设计要求依次摆放好所有蓄电池。搬运蓄电池时，必须有专人在蓄电池两侧扶稳电池。

f. 用三位半万用表测量每只蓄电池电压是否均衡，开路电压值是否满足出厂合格证要求。对电压不满足要求的蓄电池做好标记。

g. 根据设计要求调整每列及相邻两只蓄电池的间距，调整每组蓄电池的高度。蓄电池必须安放平稳，立面垂直，高度一致，外侧面在一个平面上。间距误差≤2mm，侧面不直度每米≤1mm，全长每米≤3mm。

h. 将蓄电池的连接板涂上复合脂，每组蓄电池极性按“＋”、“－”依次相连，连接螺栓拧紧。串联顺序、极性应正确无误。总电压与单体电压之和应相差1～2V，否则应检查极性。

i. 测量电池单体电压与总电压，做好记录，依次检查螺栓连接牢固可靠，松紧适度，并将每组蓄电池各个依次编号。

j. 清理现场，施工完毕。

(4) 蓄电池安装质量要求

① 耐酸瓷砖地面、墙壁及放置蓄电池的台墩已施工完毕，且验收合格，符合强度要求。

② 蓄电池室地面的排水坡度符合要求且排水畅通，表面清洁，无杂物。

③ 开箱时，附件及备件应齐全；合格证、资料应齐全；无裂纹、变形；电解质溶液高度一致（不足补充）。

④ 就位时，应检查各单只蓄电池充电后电压值是否合乎要求。蓄电池的极性按设计要求安装。将温度计、比重计放在易于检查的一侧。蓄电池搬运时，严防蓄电池倾斜、摇晃。单体电池电压偏差<0.1V。

⑤ 安装时，蓄电池标号齐全、清晰、耐酸。蓄电池室内无杂物，地面清洁、无灰尘。

(5) 蓄电的定期检查与维护

① 定期检查

安装好的电池在使用时应检查电池在充放电时的端电压是否一致，充放电电流是否稳定，触摸结合部位和端子有无发烫现象。

每季测量各单体电压，观察其均衡性并记录。

检查连接条是否位移、松动，排气阀是否有松动，如出现异常，由现场维护人员及时拧紧到规定的扭矩值。检查单体电池是否破损、泄漏，发现问题应及时通知厂家派人更换。

蓄电池在运行中，应经常检查其充电设备，不能使电池长期处于过充电或欠充电状态。

② 维护保养

为确保电池的使用寿命，应对电池进行正确的保养与维护。保养分为月度保养、季度保养、年度保养和三年保养。

月度保养主要保持电池房清洁卫生；测量和记录电池房内环境温度；逐个检查电池的清洁度、端子损伤及发热痕迹、外壳及盖的损坏或过热痕迹；测量和记录电池系统的总电压、浮充电流。

季度保养为重复各项月度检查，测量和记录各在线电池的浮充电压。若经过温度校正有两只以上电池电压低于2.18V，电池组需要进行均衡充电。如问题仍然存在，继续进行电池年检乃至三年维护中的项目检查。

年度保养为重复季度所有保养、检查；检查连接部分是否松动；电池组以实际负荷进行一次核对性放电实验，放出额定容量的30%～40%。

三年保养为每三年进行一次容量实验，使用六年后每年做一次。若该电池组实际放电容量低于额定容量的80%，则认为该电池组寿命终止。

4.4 超级电容器的认识及使用

[学习目标]

① 掌握超级电容器的结构及工作原理。

② 了解超级电容器的特点。

③ 掌握使用超级电容器的注意事项。

[任务描述]

超级电容器又叫双电层电容器，是一种新型储能装置，它具有蓄电池无法比拟的特点：充电时间短、使用寿命长、温度特性好、节约能源和绿色环保等，其储能过程并不发生化学反应，并且这种储能过程是可逆的，正因如此，超级电容器可以反复充放电数十万次。

[任务实施]

(1) 超级电容器概述

超级电容器又名化学电容器或双电层电容器，如图4-8所示，是一种电荷的储存器，在

图 4-8 各种超级电容器外形图

其储能过程中并不发生化学反应，而且是可逆的，因此，这种超级电容器可以反复充放电数十万次。它可以被视为悬浮在电解质中的两个无反应活性的多孔电极板，在极板上加电，正极板吸引电解质中的负离子，负极板吸引正离子，实际上形成两个容性存储层，被分离开的正离子在负极板附近，负离子在正极板附近，故又称双层电容器。

超级电容是近几年才批量生产的一种无源器件，性能介于电池与普通电容之间，具有电容的大电流快速充放电特性，同时也有电池的储能特性，并且重复使用寿命长。放电时利用移动导体间的电子（而不依靠化学反应）释放电流，从而为设备提供电源。超级电容器比能量高，功率释放能力强，清洁无污染，寿命长达几十万次，还具有功率密度大、充放电速率快、循环寿命长、对环境友好等优点，在军事、航天、光伏发电供电系统及照相手机、数码相机等领域中有着广泛的应用。

(2) 电容器工作原理

电容器是由两个彼此绝缘的平板形金属电容板组成的，在两块电容板之间用绝缘材料隔开。电容器极板上所储集的电量 q 与电压成正比。电容器的计量单位为“法拉”(F)。当电容充上 1V 的电压，如果极板上储存 1C 的电荷量，则该电容器的电容量就是 1F。

电容器的电容：

$$C=KA/D$$

式中，K 为电介质的介电常数，F/m；A 为电极表面积，m^2；D 为电容器间隙的距离，m。

电容器的容量只取决于电容板的面积，与面积的大小成正比，而与电容板的厚度无关。另外，电容器的电容量还与电容板之间的间隙大小成反比。当电容元件进行充电时，电容元件上的电压增高，电场能量增大，电容器从电源上获得电能，电容器中储存的电量 E 为：

$$E=CU^2/2$$

式中，U 为外加电压，V。

当电容元件进行放电时，电容元件上的电压降低，电场能量减小，电容器从电源上释放能量，释放的最大电量为 E。

(3) 超级电容器的结构及指标

超级电容器中，多孔化电极采用活性炭粉、活性炭和活性炭纤维，如图 4-9 所示，电解液采用有机电解质，如丙烯碳酸酯或高氯酸四乙氨。工作时，在可极化电极和电解质溶液之间界面上形成了双电层中聚集的电容量。其多孔化电极是使用多孔性的活性炭，有极大的表面积在电解液中吸附着电荷，因而将具有极大的电容量并可以存储很大的静电能量，超级电容器的这一特性是介于传统的电容器与电池之间。

当外加电压加到超级电容器的两个极板上时，与普通电容器一样，极板的正电极存储正

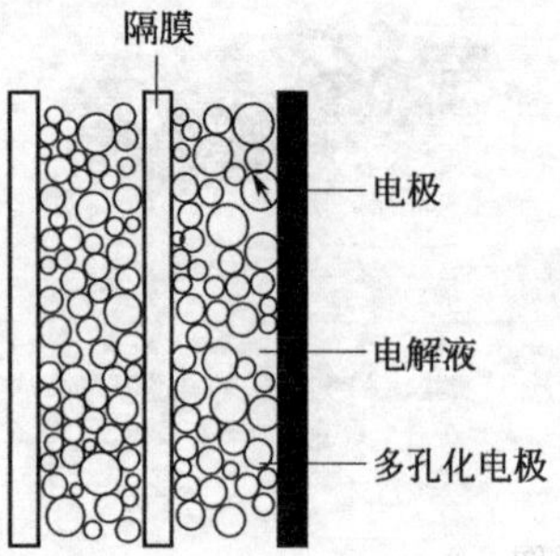

图 4-9 超级电容器结构

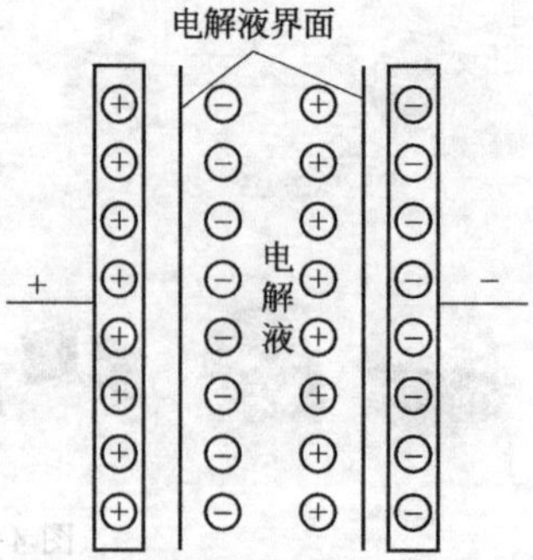

图 4-10 超级电容器工作原理

电荷，负极板存储负电荷，如图 4-10 所示。在两极板上电荷产生的电场作用下，电解液与电极间的界面上形成相反的电荷，以平衡电解液的内电场。这种正电荷与负电荷在两个不同相之间的接触面上，以正负电荷之间极短间隙排列在相反的位置上，这个电荷分布层叫做双电层，因此电容量非常大。当两极板间电势低于电解液的氧化还原电极电位时，电解液界面上电荷不会脱离电解液，超级电容器为正常工作状态（通常为 3V 以下）。如电容器两端电压超过电解液的氧化还原电极电位时，电解液将分解，为非正常状态。由于随着超级电容器放电，正、负极板上的电荷被外电路泄放，电解液界面上的电荷相应减少。由此可以看出，超级电容器的充放电过程始终是物理过程，没有化学反应，因此其性能是稳定的，与利用化学反应的蓄电池是不同的。

超级电容器的主要性能指标有容量、内阻、漏电流、循环寿命、能量密度、功率密度等。

① 容量。电容器存储的容量，单位为 F。

② 内阻。分为直流内阻和交流内阻，单位为 mΩ。

③ 漏电流。恒定电压下一定时间后测得的电流，单位为 mA。

④ 能量密度。是指单位重量或单位体积的电容器所给出的能量，单位为 W·h/Kg 或 W·h/L。

⑤ 功率密度。单位重量或单位体积的超级电容器所给出的功率，表征超级电容器所承受电流的大小，单位为 W/kg 或 W/L。

⑥ 循环寿命。超级电容器经历一次充电和放电，称为一次循环。可超过一百万次。

(4) 超级电容器的特点

① 使用寿命长，深度充放电循环使用次数可达 1～50 万次，是锂电池的 500 倍，是镍氢电池和镍镉电池的 1000 倍。如果对超级电容每天充放电 20 次，连续使用可达 68 年。其与铅酸蓄电池的差别见表 4-3。

表 4-3 超级电容器与普通电容、铅酸蓄电池的主要性能比较

项　目	单　位	普通电容	铅酸蓄电池	超级电容器
平均放电时间	s	10^{-6}～10^{-3}	20～180	0.1～30
平均充电时间	s	10^{-6}～10^{-3}	90～360	0.1～30
比能量	W·h/kg	<0.1	20～200	5～20
比功率	W/kg	10000	50～300	1000～2000

② 充电速度快，充电 10s～10min 可达到其额定容量的 95%以上。超级电容器在其额定

电压范围内可以被充电至任意电位，且可以完全放出。而电池则受自身化学反应限制，工作在较窄的电压范围，如果过放，可能造成永久性破坏。

③ 产品原材料构成、生产、使用、储存以及拆解过程均没有污染，是理想的绿色环保电源。

④ 可在很小的体积下达到法拉级的电容量，无需特别的充电电路和控制放电电路，与电池相比，过充、过放都不会对其寿命构成负面影响。

⑤ 使用不当会造成电解质泄漏等现象。它内阻较大，因而不可以用于交流电路。

⑥ 超级电容器与传统电容器不同，超级电容器在分离出的电荷中存储能量，用于存储电荷的面积越大，分离出的电荷越密集，其电容量越大。

传统电容器的面积是导体的平板面积，为了获得较大的容量，导体材料卷制得很长，有时用特殊的组织结构来增加它的表面积。传统电容器是用绝缘材料分离它的两极板，一般为塑料薄膜、纸等，这些材料通常要求尽可能地薄。

超级电容器的面积基于多孔炭材料，该材料的多孔结构允许其面积达到 $2000m^2/g$，通过一些措施可实现更大的表面积。超级电容器电荷分离开的距离是由被吸引到带电电极的电解质离子尺寸决定的，该距离比传统电容器薄膜材料所能实现的距离更小。这种庞大的表面积再加上非常小的电荷分离距离，使得超级电容器较传统电容器有大得惊人的静电容量，这也是其所谓“超级”的原因。

(5) 超级电容器充放电时间

超级电容器可以快速充放电，峰值电流仅受其内阻限制，甚至短路也不是致命的。充放电时间实际上决定于电容器单体大小，对于匹配负载，小单体可放 10A，大单体可放 1000A。另一放电率的限制条件是热，反复地以剧烈的速率放电将使电容器温度升高，最终导致断路。超级电容器的电阻阻碍其快速放电，超级电容器的时间常数 τ 为 1～2s，完全给阻容式电路放电大约需要 5τ，也就是说如果短路放电，大约需要 5～10s。由于电极的特殊结构，它们实际上得花上数个小时才能将残留的电荷完全放掉。

(6) 超级电容器与电池的比较

超级电容器不同于电池，在某些应用领域，它可能优于电池。有时将两者结合起来，将电容器的功率特性和电池的高能量存储结合起来，不失为一种更好的途径。

超级电容器在其额定电压范围内可以被充电至任意电位，且可以完全放出。而电池则受自身化学反应限制，工作在较窄的电压范围，如果过放可能造成永久性破坏。

超级电容器的荷电状态与电压构成简单的函数，而电池的荷电状态则包括多样复杂的换算。超级电容器与其体积相当的传统电容器相比可以存储更多的能量，电池与其体积相当的超级电容器相比可以存储更多的能量。在一些功率决定能量存储器件尺寸的应用中，超级电容器是一种更好的途径。

超级电容器可以反复传输能量脉冲而无任何不利影响，而如果电池反复传输高功率脉冲，其寿命将会大打折扣。

超级电容器可以快速充电，而电池快速充电则会受到损害。超级电容器可以反复循环数十万次，而电池寿命仅几百个循环。

(7) 超级电容器使用注意事项

① 超级电容器具有固定的极性。在使用前，应确认极性。

② 当电容器电压超过标称电压时，将会导致电解液分解，同时电容器会发热，容量下

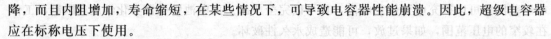

降，而且内阻增加，寿命缩短，在某些情况下，可导致电容器性能崩溃。因此，超级电容器应在标称电压下使用。

③ 外界环境温度对于超级电容器的寿命有着重要的影响，超级电容器应尽量远离热源。

④ 当超级电容器被用作后备电源时，由于超级电容器具有内阻较大的特点，在放电的瞬间存在电压降 $\Delta U=IR$。

⑤ 超级电容器不可处于相对湿度大于 85%或含有有毒气体的场所，这些环境会导致引线及电容器壳体腐蚀，导致电容器断路。

⑥ 超级电容器不能存放于高温、高湿的环境中，应在温度 −30～+50℃、相对湿度小于 60%的环境下储存，避免温度骤升骤降（因为这样会导致产品损坏）。

⑦ 当超级电容器用于双面电路板上，需要注意连接处不可经过电容器可触及的地方，因为超级电容器的安装方式会导致短路现象。

⑧ 当把电容器焊接在线路板上时，不可将电容器壳体接触到线路板上，不然焊接物会渗入至电容器穿线孔内，对电容器的性能产生影响。

⑨ 安装超级电容器后，不可强行倾斜或扭动电容器，这样会导致电容器引线松动，导致性能劣化。

⑩ 若在焊接中使电容器出现过热现象，会降低电容器的使用寿命，因此在焊接过程中避免使电容器过热。例如：如果使用厚度为 1.6mm 的印刷线路板，焊接过程应为 260℃，时间不超过 5s。

⑪ 电容器经过焊接后，线路板及电容器需要经过清洗，因为某些杂质可能会导致电容器短路。

⑫ 当超级电容器进行串联使用时，存在单体间的电压均衡问题，单纯的串联会导致某个或几个单体电容器过压，从而损坏这些电容器，使整体性能受到影响。

(8) 超级电容器的容量和放电时间的计算

在超级电容的应用中，根据公式，可以简单地进行电容容量、放电电流、放电时间的推算，十分方便。

① 各计算单位及含义

C(F)：超级电容的标称容量。

U_1(V)：超级电容正常工作电压。

U_0(V)：超级电容截止工作电压。

T(s)：在电路中的持续工作时间。

I(A)：负载电流。

② 超级电容容量的近似计算公式

$$\text{保持所需能量}=\text{超级电容减少的能量}$$

$$\text{保持期间所需能量}=0.5I(U_1+U_0)T$$

$$\text{超级电容减小能量}=0.5C(U_1^2-U_0^2)$$

因而，可得其容量（忽略由内阻引起的压降）计算公式如下：

$$C=\frac{(U_1+U_0)IT}{U_1^2-U_0^2}$$

计算举例如下。

一只太阳能草坪灯电路，应用超级电容作为储能蓄电元件，草坪灯工作电流为 15mA，工作时间为每天 3h，草坪灯正常工作电压为 1.7V，截止工作电压为 0.8V，求需要多大容量的超级电容能够保证草坪灯正常工作？

由以上公式可知：

正常工作电压 $U_1=1.7\text{V}$，截止工作电压 $U_0=0.8\text{V}$，工作时间 $T=10800\text{s}$，工作电流 $I=0.015\text{A}$，那么所需的电容容量为：

$$C=\frac{(U_1+U_0)IT}{U_1^2-U_0^2}=\frac{(1.7+0.8)\times 0.015\times 10800}{1.7^2-0.8^2}=180\text{F}$$

根据计算结果，选择耐压 2.5V、180～200F 超级电容就可以满足工作需要了。

思考题

1. 超级电容器的特点有哪些？

2. 要为一个太阳能楼宇楼牌发电系统设计超级电容，已知工作电流 30mA，每天工作 8h，工作电压 1.8V，截止工作电压 1.2V，求超级电容需要容量。

3. 一个独立光伏发电系统负载如下表所示，确定蓄电池容量。

序号	负载名称	AC/DC	负载功率/W	负载数量	合计功率/W	每日工作时间/h	每日耗电量/W·h
1	空调	AC	1500	1	1500	8	12000
2	电视	AC	100	1	100	8	800
3	日常照明	AC	30	4	120	3	360

4. 分析铅酸蓄电池结构、铅酸蓄电池工作原理和铅酸蓄电池技术参数。

5. 下表为几组蓄电池型号，如果要设计一个蓄电池容量 C 为 3330A·h 的蓄电池组，应该如何选择。

Ah

电池类型	10h 放电容量	3h 放电容量	1h 放电容量
CFM-800	870～900	620～673.3	403～469.3
GFM-1000	1060～1090	825～900	625～675
GFM-1500	1700～1720	1216～1237	800～850

项目 5

光伏控制器认识

[学习目标]

知识目标	能力目标
了解光伏控制器的结构及功能；	能分析控制电路结构和工作原理；
掌握蓄电池控制电路控制原理；	能制作 BOST 和 BUCK 电路；
掌握 BOST 及 BUCK 电路工作原理；	能制作草坪灯控制电路；
掌握草坪灯控制电路设计及原理；	能制作超级电容控制电路；
掌握超级电容控制电路原理及结构；	能使用典型控制器；
掌握光伏控制器最大功率点跟踪原理	能根据系统需求，选配控制器

[案例提示]

控制器是光伏发电系统的核心部件之一，也是平衡系统的主要组成部分。在小型光伏发电系统中，控制器主要用来保护蓄电池。在大、中型系统中，控制器担负着平衡光伏系统能量，保护蓄电池及整个系统正常工作并显示系统工作状态等重要作用。控制器可以单独使用，也可以和逆变器等合为一体。在特殊的应用场合中，对于小型光伏发电系统，控制器决定了一个系统的功能。

5.1 太阳能控制器认识

5.1.1 光伏控制器功能

[学习目标]

掌握控制器的功能及各项技术指标，掌握控制器的分类及体系结构。

[任务描述]

光伏控制器是所有光伏发电系统必备的控制部件。光伏控制器应具有防止蓄电池过充电和过放电、防止光伏电池板或电池方阵和蓄电池极性接反等功能。所以在设计光伏控制器时，首先要对光伏控制器的各项功能指标有所认识。

[任务实施]

(1) 光伏控制器的作用

控制整个系统的工作状态，并对蓄电池起到过充电保护、过放电保护的作用。在温差较大的地方，合格的控制器还应具备温度补偿的功能。

(2) 控制原理

主要是通过 MCU 电脑主控制器来对整个充电控制器进行控制。它可以实时地监测光电池电压和蓄电池电压，以及工作环境的温度，然后再发出 MOSFET 功率开关管的 PWM 驱动信号，对开关管的通断实施控制。

(3) 光伏控制器功能

① 防止蓄电池过充电和过放电，延长蓄电池寿命。

② 防止光伏电池板或电池方阵、蓄电池极性接反。

③ 防止负载、控制器、逆变器和其他设备内部短路。

④ 具有防雷击引起的击穿保护。

⑤ 具有温度补偿功能。

⑥ 显示光伏发电系统的各种工作状态，包括蓄电池（组）电压、负载状态、电池方阵工作状态、辅助电源状态、环境温度状态、故障报警等。

⑦ 耐冲击电压和冲击电流保护。在控制器的光伏电池输入端施加 1.25 倍的标称电压持续 1h，控制器不应该损坏。将控制器充电回路电流达到标称电流的 1.25 倍并持续 1h，控制器也不应该损坏。

(4) 光伏控制器性能特点

光伏控制器按照功率大小，可以分为小功率、中功率、大功率控制器。它们各自的性能特点如下。

① 小功率光伏控制器

a. 目前大部分小功率控制器都采用低损耗、长寿命的 MOSFET 场效应管等电子开关元件作为控制器的主要开关器件。

b. 运用脉冲宽度调制（PWM）控制技术对蓄电池进行快速充电和浮充充电，使太阳能发电能量得以充分利用。

c. 具有单路、双路负载输出和多种工作模式。其主要工作模式有普通开/关工作模式（即不受光控和时控的工作模式）、光控开/光控关工作模式、光控开/时控关工作模式。双路负载控制器控制关闭的时间长短可分别设置。

d. 具有多种保护功能，包括蓄电池和光伏电池接反、蓄电池开路、蓄电池过充电和过放电、负载过压、夜间防反充电、控制器温度过高等多种保护。

e. 用 LED 指示灯对工作状态、充电状况、蓄电池电量等进行显示，并通过 LED 指示灯颜色的变化显示系统工作状况和蓄电池的剩余电量等的变化。

f. 具有温度补偿功能。其作用是在不同的工作环境温度下，能够对蓄电池设置更为合理的充电电压，防止过充电和欠充电状态而造成电池充放电容量过早下降，甚至过早报废。

② 中功率光伏控制器

一般把额定负载电流大于 15A 的控制器划分为中功率控制器。其主要性能特点如下。

a. 采用 LCD 液晶屏显示工作状态和充放电等各种重要信息，如电池电压、充电电流和放电电流、工作模式、系统参数、系统状态等。

b. 具有自动/手动/夜间功能，可编制程序设定负载的控制方式为自动或手动方式。手动方式时，负载可手动开启或关闭。当选择夜间功能时，控制器在白天关闭负载；检测到夜晚时，延迟一段时间后自动开启负载；定时时间到，又自动地关闭负载。延迟时间和定时时间可编程设定。

c. 具有蓄电池过充电、过放电，输出过载、过压，温度过高等多种保护功能。

d. 具有浮充电压的温度补偿功能。

e. 具有快速充电功能。当电池电压低于一定值时，快速充电功能自动开始，控制器将提高电池的充电电压，当电池电压达到理想值时，开始快速充电倒计时程序，定时时间到后，退出快速充电状态，以达到充分利用太阳能的目的。

f. 中功率光伏控制器同样具有普通充放电工作模式（即不受光控和时控的工作模式）、光控开/光控关工作模式、光控开/时控关工作模式等。

③ 大功率光伏控制器

大功率光伏控制器采用微电脑芯片控制系统，具有下列性能特点。

a. 具有 LCD 液晶点阵模块显示，可根据不同的场合，通过编程任意设定、调整充放电参数及温度补偿系数，具有中文操作菜单，方便用户调整。

b. 可适应不同场合的特殊要求，可避免各路充电开关同时开启和关断时引起的振荡。

c. 可通过 LED 指示灯显示各路光伏充电状况和负载通断状况。

d. 有 1～18 路光伏电池输入控制电路。控制电路与主电路完全隔离，具有极高的抗干扰能力。

e. 具有电量累计功能，可实时显示蓄电池电压、负载电流、充电电流、光伏电流、蓄电池温度、累计光伏发电量（单位：安时或瓦时）、累计负载用电量（单位：瓦时）等参数。

f. 具有历史数据统计显示功能，如过充电次数、过放电次数、过载次数、短路次数等。

g. 用户可分别设置蓄电池过充电保护和过放电保护时负载的通断状态。

h. 各路充电电压检测具有“回差”控制功能，可防止开关器件进入振荡状态。

i. 具有蓄电池过充电、过放电，输出过载、短路、浪涌，光伏电池接反或短路，蓄电池接反、夜间防反充等一系列报警和保护功能。

j. 可根据系统要求提供发电机或备用电源启动电路所需的无源干节点。

k. 配接有 RS232/485 接口，便于远程遥信、遥控。PC 监控软件可测实时数据、报警信息显示、修改控制参数，读取 30 天的每天蓄电池最高电压、蓄电池最低电压、每天光伏发电量累计和每天负载用电量累计等历史数据。

l. 参数设置具有密码保护功能，且用户可修改密码。

m. 具有过压、欠压、过载、短路等保护报警功能。具有多路无源输出的报警或控制接点，包括蓄电池过充电、蓄电池过放电、其他发电设备启动控制、负载断开、控制器故障、水淹报警等。

n. 工作模式可分为普通充放电工作模式（阶梯形逐级限流模式）和一点式充放电模式（PWM 工作模式）。其中一点式充放电模式分 4 个充电阶段，控制更精确，更好地保护蓄电池不被过充电，对太阳能予以充分利用。

o. 具有不掉电实时时钟功能，可显示和设置时钟。

p. 具有雷电防护功能和温度补偿功能。

(5) 光伏控制器的主要技术参数

① 系统电压

系统电压也叫额定工作电压，是指光伏发电系统的直流工作电压。电压一般为12V和24V，中、大功率控制器也有48V、110V、220V等。

② 最大充电电流

最大充电电流是指光伏电池组件或方阵输出的最大电流。根据功率大小，分为5A、10A、20A、30A、100A、150A、200A、250A、300A等多种规格。有些厂家用光伏电池组件最大功率来表示这一内容，间接地体现了最大充电电流这一技术参数。

③ 光伏电池方阵输入路数

小功率光伏控制器一般都是单路输入，而大功率光伏控制器都是由光伏电池方阵多路输入。一般大功率光伏控制器可输入6路、12路，最多的可接入12路。

④ 电路自身损耗

控制器的电路自身损耗也是其主要技术参数之一，也叫空载损耗（静态电流）或最大自消耗电流。为了降低控制器的损耗，提高光伏电源的转换效率，控制器的电路自身损耗要尽可能低。控制器的最大自身损耗不得超过其额定充电电流的1%或0.4W。根据电路不同，自身损耗一般为5～20mA。

⑤ 蓄电池过充电保护电压（H_{VD}）

蓄电池过充电保护电压也叫充满断开或过压关断电压，一般可根据需要及蓄电池类型的不同，设定在14.1～14.5V（12V系统）、28.2～29V（24V系统）和56.4～58V（48V系统）之间，典型值分别为14.4V、28.8V和57.6V。蓄电池充电保护的关断恢复电压（H_{VR}）一般设定为13.1～13.4V（12V系统）、26.2～26.8V（24V系统）和52.4～53.6V（48V系统）之间，典型值分别为13.2V、26.4V和52.8V。

⑥ 蓄电池的过放电保护电压（L_{VD}）

蓄电池的过放电保护电压也叫欠压断开或欠压关断电压，一般可根据需要及蓄电池类型的不同，设定在10.8～11.4V（12V系统）、21.6～22.8V（24V系统）和43.2～45.6V（48V系统）之间，典型值分别为11.1V、22.2V和44.4V。蓄电池过放电保护的关断恢复电压（L_{VR}）一般设定为12.1～12.6V（12V系统）、24.2～25.2V（24V系统）和48.4～50.4V（48V系统）之间，典型值分别为12.4V、24.8V和49.6V。

⑦ 蓄电池充电浮充电压

蓄电池的充电浮充电压一般为13.7V（12V系统）、27.4V（24V系统）和54.8V（48V系统）。

⑧ 温度补偿

控制器一般都具有温度补偿功能，以适应不同的环境工作温度，为蓄电池设置更为合理的充电电压。控制器的温度补偿系数应满足蓄电池的技术要求，其温度补偿值一般为(－20～－40)mV/℃。

⑨ 工作环境温度

控制器的使用或工作环境温度范围随厂家不同，一般在－20～＋50℃之间。

5.1.2 光伏控制器分类及控制原理

[任务目标]

了解光伏控制器的分类，掌握光伏控制器的工作原理。

[任务描述]

延长蓄电池使用寿命的主要措施有对它的充放电条件进行控制。在光伏系统中用来控制充放条件的设备就是光伏控制器。光伏控制器通过检测蓄电池的电压或荷电状态，并根据检测结果发出继续充、放电或终止充、放电的指令。

[案例引导] 光伏控制器功能描述

分析太阳能交通灯、光伏控制器实训台、家用太阳能光伏发电系统、2kW 并网发电系统的控制器功能，分析其特点。

[任务实施]

(1) 光伏控制器的分类及功能

光伏控制器按电路方式的不同，分为并联型、串联型、脉宽调制型、多路控制型、两阶段双电压控制型和最大功率跟踪型；按电池组件输入功率和负载功率的不同，可分为小功率型、中功率型、大功率型及专用控制器（如草坪灯控制器）等；按放电过程控制方式的不同，可分为常规过放电控制型和剩余电量（SOC）放电全过程控制型。对于应用了微处理器的电路，实现了软件编程和智能控制，并附带有自动数据采集、数据显示和远程通信功能的控制器，称之为智能控制器。

虽然控制器的控制电路根据光伏系统的不同其复杂程度有所差异，但其基本原理是一样的。图 5-1 所示的是最基本的光伏控制电路的工作原理框图。该电路由光伏电池组件、控制器、蓄电池和负载组成。开关 1 和开关 2 分别为充电控制开关和放电控制开关。开关 1 闭合时，由光伏电池组件通过控制器给蓄电池充电，当蓄电池出现过充电时，开关 1 能及时切断充电回路，使光伏组件停止向蓄电池供电，开关 1 还能按预先设定的保护模式自动恢复对蓄电池的充电。当开关 2 闭合时，由蓄电池给负载供电，当蓄电池出现过放电时，开关 2 能及时切断放电回路，蓄电池停止向负载供电，当蓄电池再次充电并达到预先设定的恢复充电点时，开关 2 又能自动恢复供电。开关 1 和开关 2 可以由各种开关元件构成，如各种晶体管、晶闸管、固态继电器、功率开关器件等电子式开关和普通继电器等机械式开关。下面按照电路方式的不同分别对各类常用控制器的电路原理和特点进行介绍。

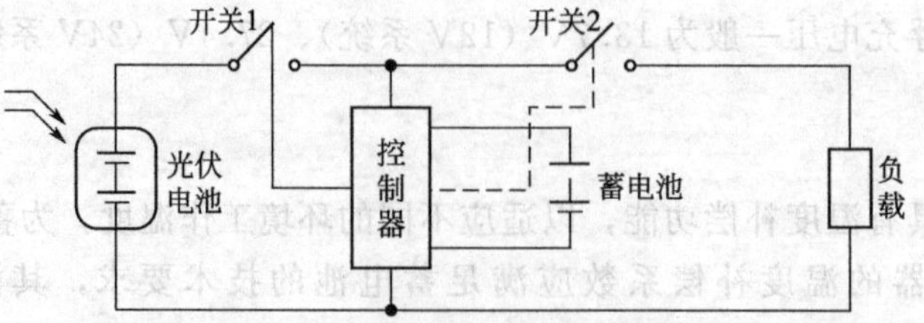

图 5-1 光伏控制器基本电路图

(2) 并联型控制器

并联型控制器也叫旁路型控制器，它是利用并联在光伏电池两端的机械或电子开关器件控制充电过程。当蓄电池充满电时，把光伏电池的输出分流到旁路电阻器或功率模块上去，然后以热的形式消耗掉。当蓄电池电压回落到一定值时，再断开旁路恢复充电。由于这种方式消耗热能，因此一般用于小型、小功率系统。

并联控制器的电路原理如图 5-2 所示。并联型控制器电路中充电回路的开关器件 S_1 并

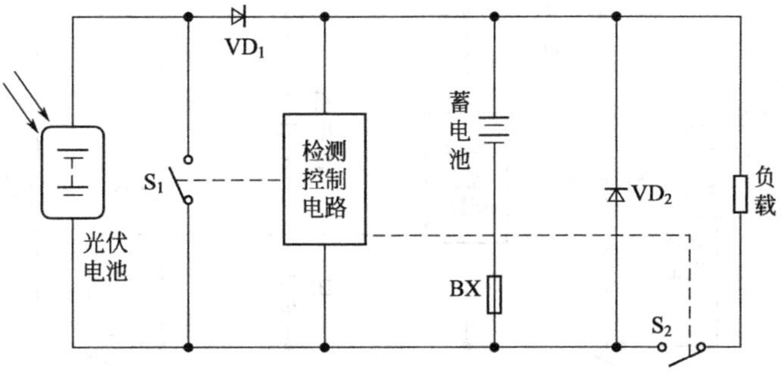

图 5-2 并联型控制器电路

联在光伏电池或电池组的输出端，控制器检测电路监控蓄电池的端电压，当充电电压超过蓄电池设定的充满断开电压值时，开关器件 S_1 导通，同时防反充二极管 VD_1 截止，使光伏电池的输出电流直接通过 S_1 旁路泄放，不再对蓄电池进行充电，从而保证蓄电池不被过充电，起到防止蓄电池过充电的保护作用。

开关器件 S_2 为蓄电池放电控制开关。当蓄电池的供电电压低于蓄电池的过放保护电压值时，S_2 关断，对蓄电池进行过放电保护。当负载因过载或短路使电流大于额定工作电流时，控制开关 S_2 也会关断，起到输出过载或短路保护的作用。

检测控制电路随时对蓄电池的电压进行检测，当电压大于充满保护电压时，S_1 导通，电路实行过充电保护；当电压小于过放电电压时，S_2 关断，电路实行过放电保护。

电路中的 VD_2 为蓄电池接反保护二极管，当蓄电池极性接反时，VD_2 导通，蓄电池将通过 VD_2 短路放电，短路电流将保险丝熔断，电路起到防蓄电池接反保护作用。

开关器件、VD_1、VD_2 及保险丝 BX 等和检测控制电路共同组成控制器电路。该电路具有线路简单、价格便宜、充电回路损耗小、控制器效率高的特点，当防过充电保护电路动作时，开关器件要承受光伏电池组件或方阵输出的最大电流，所以要选用功率较大的开关器件。

（3）串联型控制器

串联型控制器是利用串联在充电回路中的机械或电子开关器件控制充电过程。当蓄电池充满电时，开关器件断开充电回路，停止为蓄电池充电；当蓄电池电压回落到一定值时，充电电路再次接通，继续为蓄电池充电。串联在回路中的开关器件还可以在夜间切断光伏电池供电，取代防反充二极管。串联型控制器同样具有结构简单、价格便宜等特点，但由于控制开关是串联在充电回路中，电路的电压损失较大，使充电效率有所降低。

串联型控制器的电路原理如图 5-3 所示。它的电路结构与并联型控制器的电路结构相似，区别仅仅是将开关器件 S_1 由并联在光伏电池输出端改为串联在蓄电池充电回路中。控制器检测电路监控蓄电池的端电压，当充电电压超过蓄电池设定的充满断开电压值时，S_1 关断，使光伏电池不再对蓄电池进行充电，从而保证蓄电池不被过充电，起到防止蓄电池过充电的保护作用。其他元件的作用和并联型控制器相同，在此就不重复叙述了。

串、并联控制器的检测控制电路实际上就是蓄电池过欠电压的检测控制电路，主要是对蓄电池的电压随时进行取样检测，并根据检测结果向过充电、过放电开关器件发出接通或关断的控制信号。检测控制电路原理如图 5-4 所示。该电路包括过电压检测控制和欠电压检测控制两部分电路，由带回差控制的运算放大器组成。其中，IC_1 等为过电压检测控制电路，IC_1 的同相输入端输入基准电压，反相输入端接被测蓄电池，当蓄电池电压大于过充电电压

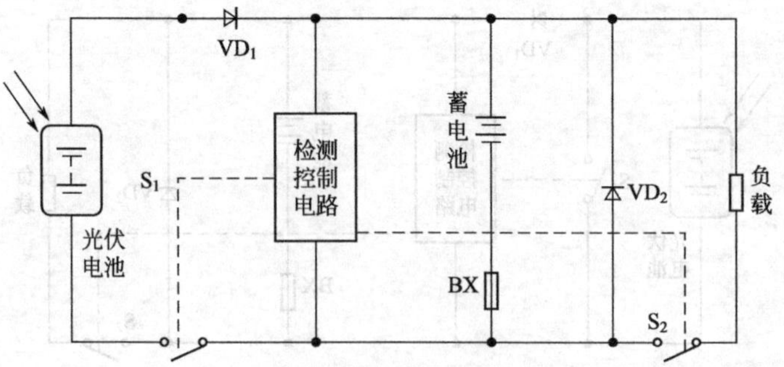

图 5-3 串联型控制器电路

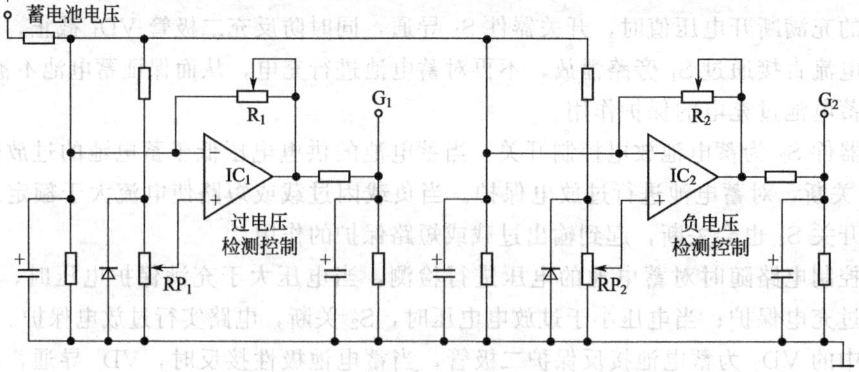

图 5-4 控制器检测控制电路

值时，IC_1 输出端 G_1 输出为低电平，使开关器件 S_1 接通（并联型控制器）或关断（串联型控制器），起到过电压保护的作用。当蓄电池电压下降到小于过充电电压值时，IC_1 的反相输入电位小于同相输入电位，则其输出端 G_1 又从低电平变为高电平，蓄电池恢复正常充电状态。过充电保护与恢复的门限基准电压由 RP_1 和 R_1 配合调整确定。IC_2 等构成欠电压检测控制电路，其工作原理与过电压检测控制电路相同。

（4）脉宽调制型控制器

脉宽调制型（PWM）控制器电路原理如图 5-5 所示。该控制器以脉冲方式开关光伏组件的输入，当蓄电池逐渐趋向充满时，随着其端电压的逐渐升高，PWM 电路输出脉冲的频率和时间都发生变化，使开关器件的导通时间延长、间隔缩短，充电电流逐渐趋近于零。当蓄电池电压由充满点向下降时，充电电流又会逐渐增大。与前两种控制器电路相比，脉宽调制充电控制方式虽然没有固定的过充电电压断开点和恢复点，但是电路会控制当蓄电池端电压达到过充电控制点附近时，其充电电流要趋近于零。这种充电过程能形成较完整的充电状态，其平均充电电流的瞬时变化更符合蓄电池当前的充电状况，能够增加光伏系统的充电效率并延长蓄电池的总循环寿命。另外，脉宽调制型控制器还可以实现光伏系统的最大功率跟踪功能，因此可作为大功率控制器用于大型光伏发电系统中。脉宽调制型控制器的缺点是控制器的自身工作有 4%～8%的功率损耗。

（5）多路控制器

多路控制器一般用于几千瓦以上的大功率光伏发电系统，将光伏电池方阵分成多个支路接入控制器。当蓄电池充满时，控制器将光伏电池方阵各支路逐路断开；当蓄电池电压回落到一定值时，控制器再将光伏电池方阵逐路接通，实现对蓄电池组充电电压和电流的调节。

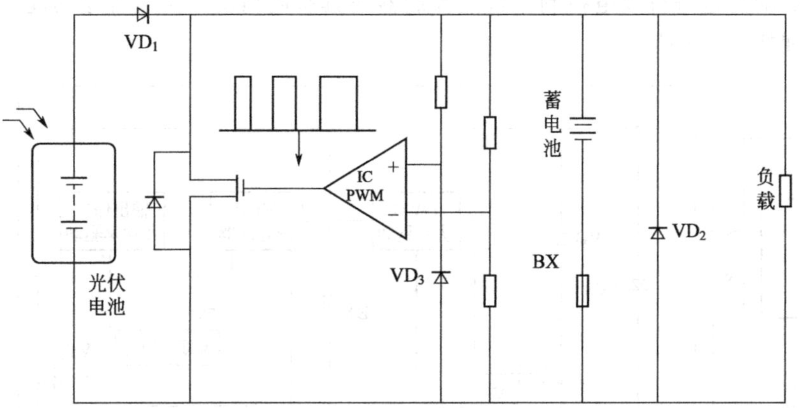

图 5-5 脉宽调制型（PWM）控制器电路原理图

这种控制方式属于增量控制法，可以近似达到脉宽调制控制器的效果，路数越多，增幅越小，越接近线性调节。但路数越多，成本也越高，因此确定光伏电池方阵路数时，要综合考虑控制效果和控制器的成本。

多路控制器的电路原理如图 5-6 所示。当蓄电池充满电时，控制电路将控制机械或电子开关从 S_1 至 S_n 顺序断开光伏电池方阵各支路 Z_1 至 Z_n。当第一路 Z_1 断开后，如果蓄电池电压已低于设定值，则控制电路等待；直到蓄电池电压再次上升到设定值后，再断开第二路，再等待；如果蓄电池电压不再上升到设定值，则其他支路保持接通充电状态。当蓄电池电压低于恢复点电压时，被断开的光伏电池方阵支路依次顺序接通，直到天黑之前全部接通。图中，VD_1 至 VD_n 是各个支路的防反充二极管，A_1 和 A_2 分别是充电电流表和放电电流表，V 为蓄电池电压表。

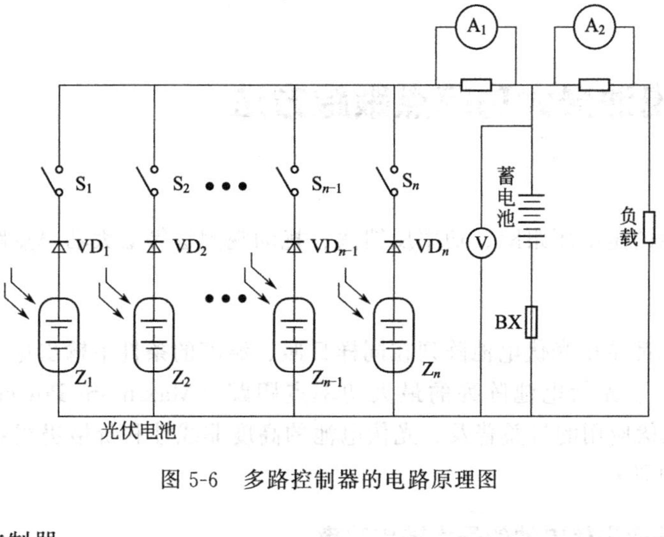

图 5-6 多路控制器的电路原理图

（6）智能型控制器

智能型控制器采用 CPU 或 MCU 等微处理器对太阳能光伏发电系统的运行参数进行高速实时采集，并按照一定的控制规律由单片机内程序对单路或多路光伏组件进行切断与接通的智能控制。中、大功率的智能控制器还可通过单片机的 RS232/485 接口，使用计算机控制和传输数据，并进行远距离通信和控制。

智能控制器除了具有过充电、过放电、短路、过载、防反接等保护功能外，还利用蓄电池放电率高准确性地进行放电控制。智能控制器还具有高精度的温度补偿功能。智能型控制器的电路原理如图 5-7 所示。

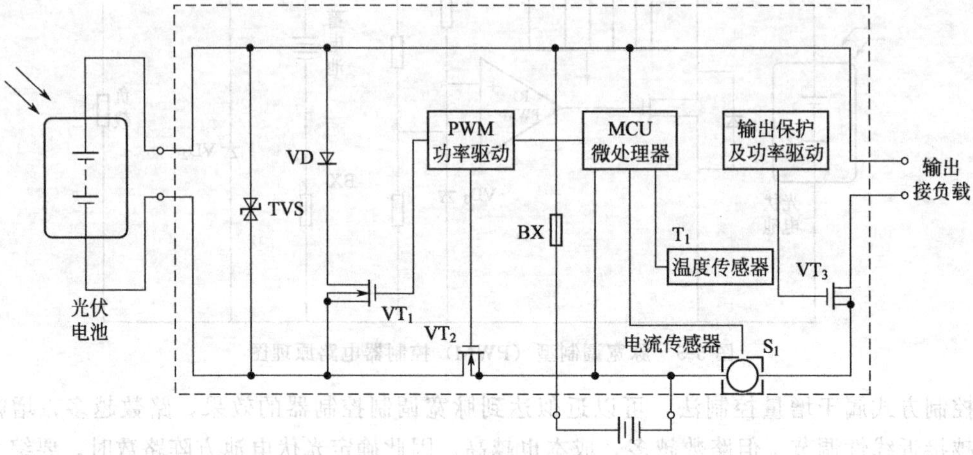

图 5-7 智能型控制器电路

(7) 最大功率点跟踪型控制器

最大功率点跟踪型控制器的原理是根据光伏电池方阵的电压和电流检测后相乘得到的功率，判断光伏电池方阵此时的输出功率是否达到最大，若不在最大功率点运行，则调整脉冲宽度、调制输出占空比、改变充电电流，再次进行实时采样，并做出是否改变占空比的判断。通过这样的寻优跟踪过程，可以保证光伏电池方阵始终运行在最大功率点。最大功率点跟踪型控制器可以使光伏电池方阵始终保持在最大功率点状态，以充分利用光伏电池方阵的输出能量。同时，采用 PWM 调制方式，使充电电流成为脉冲电流，以减少蓄电池的极化，提高充电效率。

5.2 光伏电池最大功率点跟踪方法

[学习目标]

掌握光伏电池的定电压跟踪、功率反馈法、扰动观测法等最大功率点跟踪方法及原理。

[任务描述]

所有光伏系统都希望光伏电池阵列在同样日照、温度的条件下输出尽可能多的电能，这也就在理论上提出了光伏电池阵列的最大功率点跟踪（Maximum Power Point Tracking，MPPT）问题。光伏应用的日益普及、光伏电池的高度非线性和价格仍相对昂贵，更加速了人们对这一问题的研究。

[案例分析] 获取光伏电池的最大输出功率

从电池输出特性角度出发，分析如何获取对大输出功率。

[任务实施]

图 5-8 为光伏阵列的输出功率特性 *P*-*U* 曲线。由图可知，当光伏阵列的工作电压小于最大功率点电压 U_{max} 时，光伏阵列的输出功率随阵列端电压上升而增加；当阵列的工作电

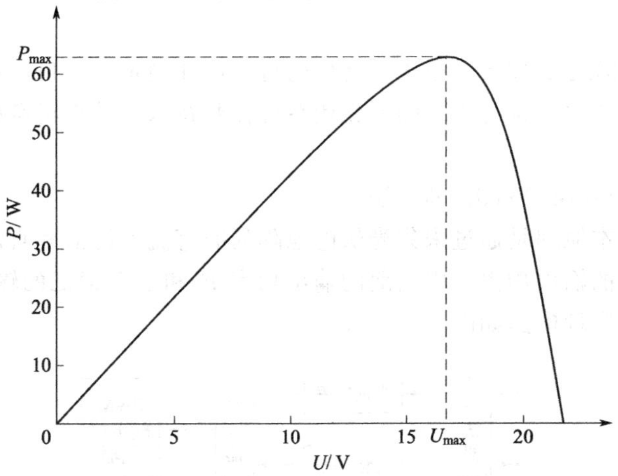

图 5-8 光伏阵列的输出功率特性 P-U 曲线

压大于最大功率点电压 U_{max}时，阵列的输出功率随端电压上升而减小。MPPT 的实现实质上是一个自寻优过程，即通过控制端电压，使光伏阵列能在各种不同的日照和温度环境下智能化地输出最大功率。

光伏阵列的开路电压和短路电流在很大程度上受日照强度和温度的影响，系统工作点也会因此飘忽不定，这必然导致系统效率的降低。为此，光伏阵列必须实现最大功率点跟踪控制，以便阵列在任何当前日照下不断获得最大功率输出。下面针对常用 MPPT 的实现方法——定电压跟踪法、功率反馈法、扰动观测法、导纳增量法等进行分析。

(1) 定电压跟踪法

仔细观察图 P-U 关系曲线图，发现在一定的温度下，当日照强度较高时，诸曲线的最大功率点几乎都分布在一条垂直线的两侧，这说明光伏阵列的最大功率输出点大致对应于某一恒定电压，这就大大简化了 MPPT 的控制设计，即人们仅需从生产厂商处获得数据 U_{max}，并使阵列的输出电压钳位于 U_{max}值即可，实际上是把 MPPT 控制简化为稳压控制，这就构成了 CVT（定电压跟踪法）式的 MPPT 控制。采用 CVT 较之不带 CVT 的直接耦合工作方式要有利得多，对于一般光伏系统可望获得多至 20%的电能。

基于恒定电压法的跟踪器制造比较简单，而且控制比较简单，初期投入也比较少。但这种控制方式忽略了温度对开路电压的影响。以常规的单晶硅光伏电池为例，当环境温度每升高 1℃时，其开路电压下降 0.35%～0.45%，具体较准确的值可以用实验测得，也可以按照光伏电池的数字模型计算得到。以某一位于新疆的光伏电站为例，在环境温度为 25℃时，光伏阵列的开路电压为 363.6V；当环境温度为 60℃时，开路电压下降至 299V（均在日照强度相同情况下），其下降幅度达 17.5%，这是一个不容忽视的影响。

CVT 控制的优点：控制简单，易实现，可靠性高；系统不会出现振荡，有很好的稳定性；可以方便地通过硬件实现。其缺点：控制精度差，特别是对于昼夜和四季温度变化剧烈的地区，必须人工干预才能良好运行，更难预料风、沙等影响。为了克服以上缺点，可以在 CVT 的基础上采用一些改进的办法：

手工调节方式，根据实际温度的情况，手动调节设置不同情况下的 U_{max}，但比较麻烦和粗糙；

微处理器查询数据表格方式，事先将不同温度下测得的 U_{max}值存储于 EPROM 中，实际运行时，微处理器通过光伏阵列上的温度传感器获取阵列温度，通过查表确定当前的U_{max}值。

采用CVT实现MPPT控制，由于其良好的可靠性和稳定性，目前在光伏系统中仍被较多地使用，特别是光伏水泵系统中。随着光伏系统控制技术的计算机微处理器化，该方法逐渐被新方法所替代。

(2) 功率反馈（Power Feedback）法

功率反馈法的基本原理是通过采集光伏电池阵列的直流电压值和直流电流值，采用硬件或者软件计算出当前的输出功率，由当前的输出功率 P 和上次记忆的输出功率 P'来控制调整输出电压值。控制原理框图如图 5-9 所示。

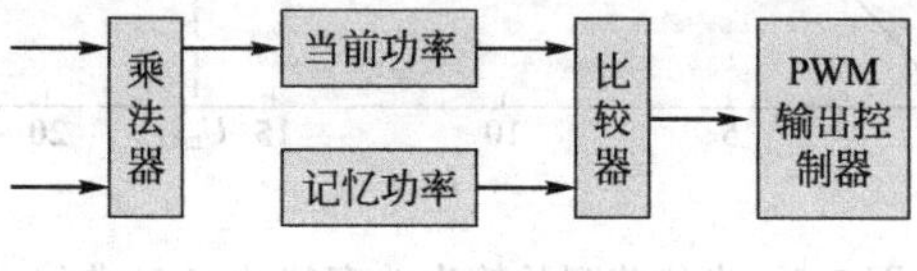

图 5-9 功率反馈法的控制原理框图

由图 5-10 可知，同一输出功率下，输出电压可能不唯一，因此控制器应设计为单值控制模式，即仅以 P-U 曲线右侧为控制范围，当输出功率变大时减小输出电压，当输出功率变小时增大输出电压，最终在最大功率点附近振荡运行。这种方法实用方便，但可靠性和稳定性均不佳，所以在实际系统中较少采用此方法。

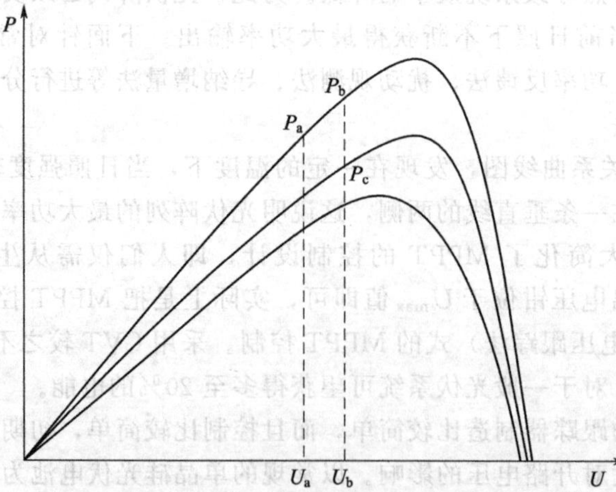

图 5-10 扰动观测法可能的误判示意图

(3) 扰动观测法（Perturbation and Observation——P&O）

扰动观测法是目前实现 MPPT 最常用的方法之一。原理是先让光伏电池按照某一电压值输出，测得它的输出功率，然后再在这个电压的基础上给一个电压扰动，再测量输出功率，比较测得的两个功率值，如果功率值增加了，则继续给相同方向的扰动；如果功率值减少了，则给反方向的扰动。

此法最大的优点在于其结构简单，被测参数少，能比较普遍地适用于光伏系统的最大功率跟踪。但是，在系统已经跟踪到最大功率点附近时，扰动仍然没有停止，这样系统在最大功率点附近振荡，会损失一部分功率，而且初始值和步长的选取对跟踪的速度和精度都有较大的影响。

扰动观测法的优点：控制回路简单，跟踪算法简明，容易实现。缺点：在阵列最大功率点附近振荡，导致部分功率损失；初始值及跟踪步长的给定对跟踪精度和速度有较大影响；有时会发生程序在运行中的“误判”现象。

扰动观测法可能产生“误判”的原因分析如图 5-10 所示。

由于在一天中日照是时刻变化的，特别是早晚和有云的天气，因此对于光伏电池阵列来说，其 P-U 曲线是不停变化的。当光伏系统用扰动观测法进行 MPPT 时，假设系统已经工作在 MPP 附近，如图 5-10 所示，当前工作点电压记为 U_a，阵列输出功率记为 P_a。当电压扰动方向往右移至 U_b，如果日照没有变化，阵列输出功率为 $P_b > P_a$，控制系统工作正确。但如果日照强度下降，则对应 U_b 的输出功率可能为 $P_c < P_a$，系统会误判电压扰动方向错误，从而控制工作电压往左移回 U_a 点。如果日照持续下降，则有可能出现控制系统不断误判，使工作点电压在 U_a 和 U_b 之间来回移动振荡，而无法跟踪到阵列的最大功率点。对于这种因日照强度影响造成的系统误判，可以通过加大扰动频率和减小扰动的步长来尽可能地消除。

5.3 典型光伏控制应用及选购

[学习目标]

掌握光伏控制器选配原则，掌握典型光伏控制器的使用方法。

[任务描述]

在确定客户系统充电控制器技术参数时，需要把系统视为一个整体。光伏控制器的配置选型要根据整个系统的各项技术指标，并参考厂家提供的产品样本手册来确定。

[案例分析] 典型光伏控制器电路的使用

[案例实施]

(1) 光伏控制器选配原则

光伏控制器的配置选型要根据整个系统的各项技术指标并参考厂家提供的产品样本手册来确定。一般要考虑下列几项技术指标。

① 系统工作电压

指太阳能发电系统中蓄电池组的工作电压。这个电压要根据直流负载的工作电压或交流逆变器的配置来确定，一般有 12V、24V、48V、110V 和 220V 等。

② 光伏控制器的额定输入电流和输入路数

光伏控制器的额定输入电流取决于光伏电池组件或方阵的输入电流，光伏控制器的额定输入电流应等于或大于光伏电池的输入电流。

光伏控制器的输入路数要多于或等于光伏电池方阵的设计输入路数。小功率控制器一般只有一路光伏电池方阵输入，大功率光伏控制器通常采用多路输入，每路输入的最大电流＝额定输入电流/输入路数，因此，各路电池方阵的输出电流应小于或等于光伏控制器每路允许输入的最大电流值。

③ 光伏控制器的额定负载电流

光伏控制器的额定负载电流是光伏控制器输出到直流负载或逆变器的直流输出电流，该数据要满足负载或逆变器的输入要求。

除上述主要技术数据要满足设计要求以外，还要考虑使用环境温度、海拔高度、防护等级和外形尺寸等参数以及生产厂家和品牌等因素。

(2) SDCC 型太阳能电源控制器的使用

① 主要特点

a. 使用了单片机和专用软件，实现了智能控制。

b. 利用蓄电池放电率特性修正的放电控制。放电终了电压是由放电率曲线修正的控制点，消除了单纯的电压控制过放的不准确性，符合蓄电池固有的特性，即不同的放电率具有不同的终了电压，保证蓄电池得到最有效的使用。

c. 具有过充、过放、电子短路、过载保护、独特的防反接保护等全自动控制，以上保护均不损坏任何部件，不烧保险。

d. 采用串联式 PWM 充电主电路，使充电回路的电压损失较使用二极管的充电电路降低近一半，充电效率较非 PWM 高 3%～6%，增加了用电时间。过放恢复的提升充电、正常的直充、浮充自动控制方式使系统有更长的使用寿命。同时具有准确的温度补偿。

e. 直观的 LED 发光管指示当前电平状态，让用户了解使用状况。

f. 取消了电位器调整控制设定点，而利用 Flash 存储器记录各工作控制点，使设置数字化，消除了因电位器振动偏位、温漂等使控制点出现误差降低准确性、可靠性的因素。

g. 采用了轻触按键式操作，使用方便、美观。

②控制器面板图

如图 5-11 所示。

图 5-11 SDCC 型太阳能电源控制器

③ 系统说明

该控制器专为太阳能直流供电系统设计，并使用了专用电脑芯片的智能化控制器。采用一键式轻触开关完成所有操作及设置，具有防短路、过载保护，独特的防反接保护，充满、过放自动关断、恢复等全功能保护措施，详细的充电指示、蓄电池状态、负载及各种故障指示。该控制器通过电脑芯片对蓄电池的端电压、放电电流、环境温度等涉及蓄电池容量的参数进行采样，通过专用控制模型计算，实现符合蓄电池特性的放电率、温度补偿修正的高效、高准确率控制，并采用了高效 PWM 蓄电池的充电模式，保证蓄电池工作处于最佳状态，大大延长了蓄电池的使用寿命，且具有多种工作模式、输出模式选择，满足用户各种需要。控制器结构如图 5-12 所示。

④ 安装及使用

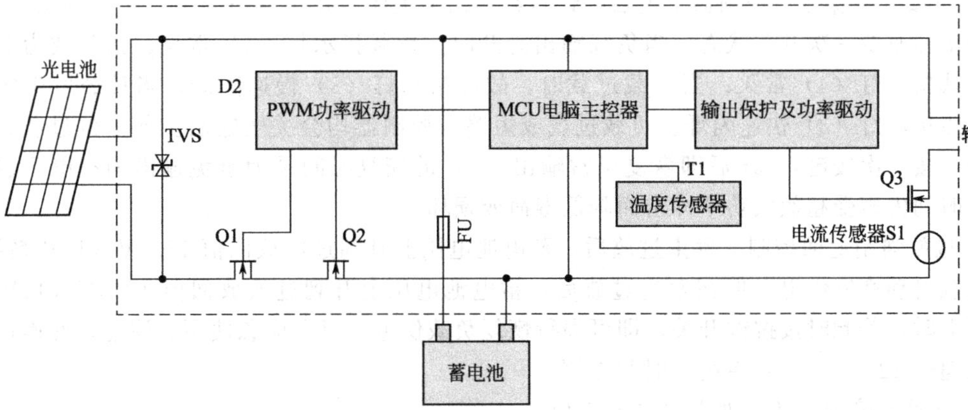

图 5-12 控制器结构图

a. 导线的准备。建议使用多股铜芯绝缘导线。先确定导线长度，在保证安装位置的情况下，尽可能减少连线长度，以减少电损耗。按照不大于 $4A/mm^2$ 的电流密度选择铜导线截面积，将控制器一侧的接线头剥去 5mm 的绝缘。

b. 先连接控制器上蓄电池的接线端子，再将另外的端头连至蓄电池上，注意正负，不要反接。如果连接正确，蓄电池指示灯应亮，可按按键来检查。否则，需检查连接对否。如发生反接，不会烧保险及损坏控制器任何部件。保险丝只作为控制器本身内部电路损坏短路的最终保护。

c. 连接光电池导线，先连接控制器上光电池的接线端子，再将另外的端头连至光电池上，注意正负，不要反接。如果有阳光，充电指示灯应亮。否则，需检查连接对否。

d. 将负载的连线接入控制器上的负载输出端，注意正负极性，不要反接，以免烧坏电器。

⑤ 使用说明

a. 充电及超压指示。当系统连接正常，且有阳光照射到光电池板时，充电指示灯（1）为绿色常亮，表示系统充电电路正常；当充电指示灯（1）出现绿色快速闪烁时，说明系统过电压，处理见故障处理内容。充电过程使用了 PWM 方式，如果发生过放动作，充电先要达到提升充电电压，并保持 10min，而后降到直充电压，保持 10min，以激活蓄电池，避免硫化结晶，最后降到浮充电压，并保持浮充电压。如果没有发生过放，将不会有提升充电方式，以防蓄电池失水。这些自动控制过程将使蓄电池达到最佳充电效果并保证或延长其使用寿命。

b. 蓄电池状态指示。蓄电池电压在正常范围时，状态指示灯（2）为绿色常亮；充满后状态指示灯为绿色慢闪；当电池电压降低到欠压时，状态指示灯变成橙黄色；当蓄电池电压继续降低到过放电压时，状态指示灯（2）变为红色，此时控制器将自动关闭输出，提醒用户及时补充电能。当电池电压恢复到正常工作范围内时，将自动使能输出开通动作，状态指示灯（2）变为绿色。

c. 负载指示。当负载开通时，负载指示灯（4）常亮。如果负载电流超过了控制器 1.25 倍的额定电流 60s 时，或负载电流超过了控制器 1.5 倍的额定电流 5s 时，故障指示灯（3）为红色慢闪，表示过载，控制器将关闭输出。当负载或负载侧出现短路故障时，控制器将立即关闭输出，故障指示灯（3）快闪。出现上述现象时，用户应当仔细检查负载连接情况，断开有故障的负载后，按一次按键，30s 后恢复正常工作，或等到第二天可以正常工作。

d. 负载开关操作。控制器上电后默认负载输出为关闭。在正常情况下，每按一次按键，负载输出即改变一次开关状态。当负载输出为开时，负载指示灯（4）常亮；当负载为关闭时，负载指示灯（4）常灭；当负载过载时，故障指示灯（3）慢速闪烁；当负载发生短路时，故障指示灯（3）快速闪烁。负载过载或短路，控制器均会关闭输出。如复位过载、短路保护，按一次按键，30s 后即恢复正常输出。30s 的恢复时间是为避免输出功率电子器件连续短时间内遭受超额大功率冲击而降低寿命或损坏。

e. 过放强制返回控制。发生过放后，蓄电池电压上升到过放放回值 13.1V（12V 系统）时，负载自动恢复供电。但在发生过放后，蓄电池电压上升到过放放回值 12.5V（12V 系统）以上时，若此时按按键开关，即可强行恢复负载供电，以保应急使用。注意，此操作只有电压超过 12.5V（12V 系统）时起作用。

⑥ 常见故障现象及处理方法（表 5-1）

表 5-1 光伏控制器故障维护

现　　象	解 决 方 法
当有阳光直射光电池组件时，绿色充电指示灯(1)不亮	检查光电池电源两端接线是否正确，接触是否可靠
充电指示灯(1)快闪	系统电压超压，蓄电池开路，检查蓄电池是否连接可靠，或充电电路损坏
负载指示灯(4)亮，但无输出	检查用电器具是否连接正确、可靠
故障指示灯(3)快闪而且无输出	输出有短路，检查输出线路，移除所有负载后，按一下开关按钮，30s 后控制器恢复正常输出
故障指示灯(3)慢闪，且无输出	负载功率超过额定功率，减少用电设备，按一下按钮，30s 后控制器恢复输出
状态指示灯(2)为红色，且无输出	蓄电池过放，充足电后自动恢复使用

⑦ 技术指标

SDCC 型太阳能电源控制器技术指标如表 5-2 所示。

表 5-2 SDCC 型太阳能电源控制器技术指标

型　号	SDCC-5	SDCC-10	SDCC-15
额定充电电流	5A	10A	15A
额定负载电流	5A	10A	15A
系统电压	12V、24V		
过载、短路保护	1.25 倍额定电流 60s、1.5 倍额定电流 5s 时过载保护动作，≥3 倍额定电流短路保护动作		
空载损耗	≤6mA		
充电回路压降	不大于 0.26V		
放电回路压降	不大于 0.15V		
超压保护	17V，×2/24V；		
工作温度	工业级：－35～＋55℃（后缀 I）；商用级－5～＋50℃		
提升充电电压	14.6V；×2/24V；（维持时间：10min）（只当出现过方时调用）		
直充充电电压	14.4V；×2/24V；（维持时间：10min）		
浮充	13.6V；×2/24V；（维持时间：直至充电返回电压动作）		
充电返回电压	13.2V；×2/24V		

续表

型 号	SDCC-5	SDCC-10	SDCC-15
温度补偿	−5mV/℃/2V(提升、直充、浮充、充电返回电压补偿)		
欠压电压	12.0V;×2/24V		
过放电压	11.1V 放电率补偿修正的初始过放电压(空载电压);×2/24V		
过放返回电压	13.1V;×2/24V		
过放可强制返回电压	12.5V;×2/24V;(按键强制返回)		
控制方式	充电为 PWM 脉宽调制,控制点电压为不同放电率智能补偿修正		

5.4 典型光伏控制电路制作

5.4.1 蓄电池电压检测器电路制作

[学习目标]

掌握光伏控制器蓄电池电压检测电路。

[任务描述]

在独立光伏发电系统中，控制器主要实现蓄电池的充放电保护。要实现蓄电池的充放电保护必须检测蓄电池的电压。

[任务实施]

控制器的检测电路如图 5-13 所示，检测控制电路包括过电压检测和欠压检测控制控制两部分。

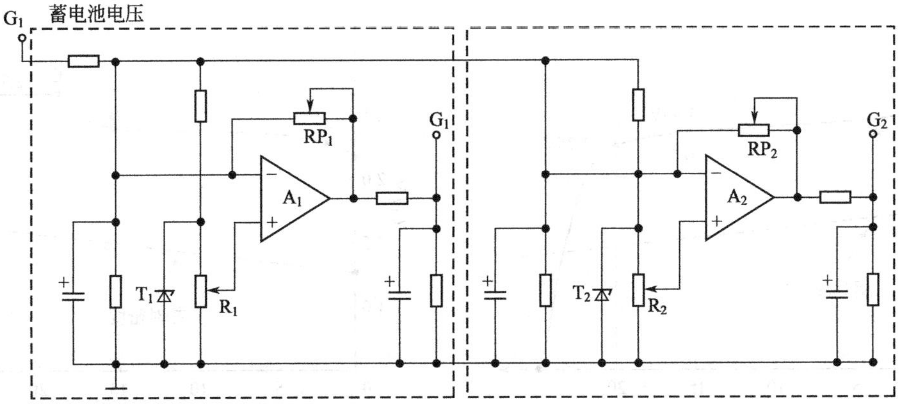

图 5-13 检测电路

检测控制电路是由带回差控制的运算放大器组成。A_1 为过电压检测控制电路。A_1 的同相输入端由 W 提供对应“过电压切断”的基准电压，而反相输入端接被测蓄电池，当蓄电池电压大于“过电压切断电压”时，A_1 的反相输入点位小于同相输入点位，则其输出端 G_1 由低电平跳变至高电平，开关器件 T_1 由关断变导通，重新接通充电回路。“过电压切离门限”和“过电压恢复门限”由 RP_1 和 R_1 配合调整。A_2 为欠电压检测控制电路，其反相端

接由 RP_2 提供的欠电压基准电压，同相端接蓄电池电压（和过电压检测控制电路相反）；当蓄电池电压小于“欠电压门限”电平时，A_2 输出端 G_2 为低电平，开关器件 T_2 关断，切断控制器的输出回路，实现“欠电压保护”；欠电压保护后，随着电池电压的升高，当电压又高于“欠电压保护”。欠电压保护后，随着电池电压的升高，当电压又高于“欠电压恢复门限”时，开关器件 T_2 重新导通，恢复对负载供电。“欠电压保护门限”和“欠电压恢复门限”由 RP_2 和 R_2 配合调整。

5.4.2 铅酸蓄电池充放电电路

[任务目标]

掌握铅酸蓄电池的充放电特性及典型电路制作和检测。

[任务描述]

铅酸蓄电池充放电特性是指在特定条件下，蓄电池两端电压和充放电时间的关系，了解充放电特性是对蓄电池控制的基础。目前充放电控制技术有时间控制、电压控制和容量控制。这三种各有优缺点，应根据需要和现实条件进行选择。

[任务实施]

(1) 铅酸蓄电池放电特性

铅酸蓄电池的放电特性就是指蓄电池在恒定电流放电状态下的电解液相对密度 ρ（15℃）和蓄电池端电压 U_f 随放电时间变化的规律。图 5-14 是将某型号铅蓄电池以 5A 进行放电时测得的规律曲线。

电解液相对密度是随放电时间的增大按直线规律减小的。因为在恒流放电中，单位时间的硫酸消耗量是一个定值。铅酸蓄电池的放电程度和电解液相对密度成正比。电解液相对密度每下降 0.04，蓄电池约放掉 25%额定容量 Q_e 的电量。

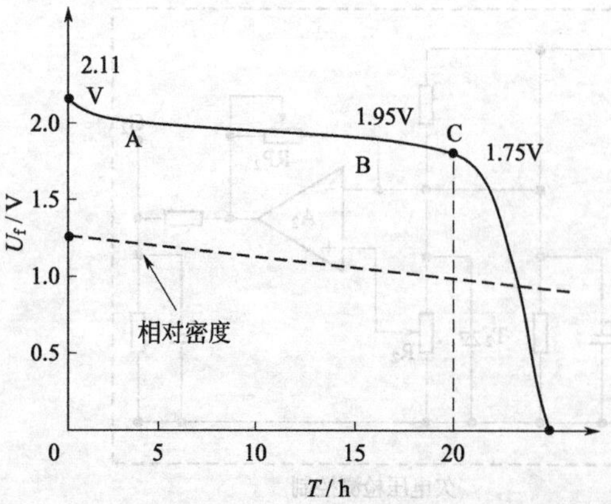

图 5-14 放电特性曲线

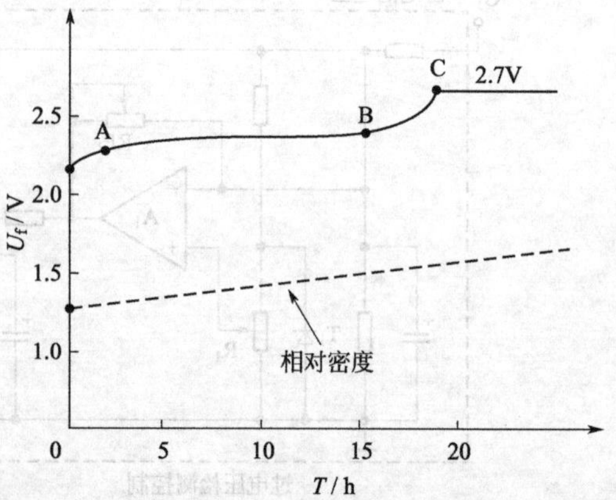

图 5-15 充电特性曲线

放电过程中，端电压的变化规律由三个阶段组成。

第一阶段（OA）。端电压由 2.11V 迅速下降到 2.0V 左右。这是因为放电前渗入极活性物质孔隙内部的硫酸迅速变为水，而极板外部的硫酸还来不及向极板孔隙内渗透；极板内部电解液相对密度迅速下降，端电压迅速下降。

第二阶段（AB）。端电压由 2.0V 下降到 1.95V，基本呈直线规律缓慢下降。这是因为该阶段单位时间极板孔隙内部消耗的硫酸量与孔隙外部向极板孔隙内部渗透补充的硫酸量相等，处于一种动平衡状态的缘故。

第三阶段。端电压迅速由1.95V下降到1.75V。其原因是：极板表面已形成大量硫酸铅（其体积是海绵状铅的2.68倍，是二氧化铅的1.86倍），堵塞了孔隙，渗透能力下降；同时单位时间的渗透量小于极板内硫酸的消耗量，极板内电解液相对密度迅速下降，此时应停止放电。如果继续放电，端电压在短时间内将急剧下降到零，致使蓄电池过度放电，导致蓄电池产生硫化故障，缩短其使用寿命。

蓄电池到终止电压时应及时停止放电，极板孔隙中的电解液与整个容量中的电解液相互渗透，趋于平衡，电池的端电压会有所回升。铅酸蓄电池放电终了的特征是：单格电池电压下降到放电终止电压（以20h放电率放电时终止电压为1.75V）；电解液相对密度下降到最小值。放电终止电压与放电电流大小有关，放电电流越大，连续放电的时越短，允许的放电终止电压也越低，见表5-3。

表5-3 铅蓄电池的放电率与终止电压的关系

放电情况	放电率	20h	10h	3h	30min
	放电电流的大小/A	$0.050Q_e$	$0.10Q_e$	$0.25Q_e$	$1Q_e$
单格电池终止电压/V		1.75	1.70	1.65	1.55

（2）铅酸蓄电池充电特性

铅酸蓄电池的充电特征就是指蓄电池在恒定流充电状态下，电解液相对密度ρ（15℃）、蓄电池端电压U_C随充电时间的变化规律。图5-15是将某型号铅酸蓄电池以5A进行恒流充电时测得的规律曲线。充电过程中，电解液相对密度基本以直线逐渐上升。这是因为采用等流充电，充电机每单位时间向蓄电池输入的电量相等，每单位时间内电解液中的水变为硫酸的量也基本相等。充电过程中，铅蓄电池端电压上升的规律由四个阶段组成。

第一阶段：充电开始，端电压上升较快。这是由于极板活性物质孔隙内部的水迅速变为硫酸，孔隙外部的水还未来得及渗透入补充，极板内部电解液相对密度迅速上升所致。

第二阶段：端电压上升较平稳，至单格电压2.4V。该阶段每单位时间内极板内部消耗的水与外部渗入的水基本相等，处于动态平衡状态。

第三阶段：端电压由2.4V迅速上升至2.7V。该阶段电解液中的水开始电解，正极板表面逸出氧气，负极板处逸出氢气，电解液中冒出气泡，出现所谓的电解液“沸腾”现象。

第四阶段：该阶段为过充电阶段，端电压不再上升。为了观察端电压和电解液相对密度不再上升的现象，保证蓄电池充分充电，一般需要过充电2～3h。由于过充电时剧烈地放出气泡会导致活性物质脱落，造成蓄电池容量降低，使用寿命缩短，因此应尽量避免长时间过充电。过充电时，蓄电池逸出的氢气与氧气混合，混合气体具有易燃、易爆特点，因此充电的蓄电池附近应免明火出现。

铅蓄电池充电终了的特征如下：

① 端电压和电解液相对密度上升到最大值，且2～3h内不再上升；

② 电解液中产生大量气泡，呈现“沸腾”状态。

（3）蓄电池的充放电控制技术

在实际光伏发电系统的蓄电池中，为了实现设定的充电模式，须对充电过程进行控制。运用正确的充电控制方法，有利于提高蓄电池的充电效率和使用寿命。

① 充电过程阶段的划分

充电过程一般分为主充、均充和浮充三个阶段。充电末期主要是以恒小电流长时间充电的涓流充电为主（充电倍率小于 0.1C 时，称为涓流充电）。

主充一般是快速充电，如二阶段充电、变流间歇式充电和脉冲式充电都是现阶段常见的主充模式。慢充模式主要是低充电电流的恒流充电模式。

均充是均衡电池特性的充电。在电池的使用过程中，因为电池的个体差异、温度差异等原因造成电池端电压不平稳，为了避免这种不平衡趋势的恶化，需要提高电池组的充电电压，对电池进行活化充电。

为了保护蓄电池不过充，在蓄电池快速充电至 80%～90%容量后，一般采用浮充模式（即恒压充电），以适应充电后期蓄电池可接受充电电流的减小。当浮充电压值与蓄电池端电压相等，便会自动停止。为了防止可能出现的蓄电池充电不足，在此之后可以加上涓流充电，使已基本充足电的蓄电池极板内部较多的活性物质参加化学反应，使得充电比较彻底。

② 充电程度判断

蓄电池进行充电时，必须随时判断蓄电池的充电程度，以便控制充电电流大小。目前充电程度的判断方法主要有以下两种。

a. 蓄电池实际容量的检测。通过检测实际容量值与额定容量值进行比较，从而判定蓄电池的充电程度。

b. 检测蓄电池端电压。当蓄电池端电压与其额定值相差比较大时，说明处于充电初期；当两者相差很小时，说明充电过程已快完成。

③ 充电各阶段的自动转换

a. 时间控制，即预先设定各阶段的充电时间，由时间继电器或 CPU 来控制转换时刻。

b. 设定轮换点的充电电流或蓄电池的端电压值，当实际电流或电压值达到设定值时，立刻自动转换。

c. 采用积分电路在线检测蓄电池的容量，当容量达到一定数值时，则发信号改变充电电流的大小。

以上三种转换方法，各有优点和缺点。时间控制比较简单，但缺乏来自蓄电池的实时信息，控制比较粗略；容量监控方法控制电路比较复杂，但是控制精度明显提高。

④ 停充控制

当蓄电池充足时，须适时地切断充电电源，否则将造成蓄电池的过充，出现大量析气、失水和升温等反应，严重危及蓄电池的使用寿命。主要的停充控制方法有以下三种。

a. 定时控制。采用恒流充电，蓄电池所需要的充电时间可根据蓄电池容量和充电电流的大小来确定，因此只需要预先设定好充电时间，时间一到，定时器立刻发出信号停充或者降为涓流充电。这种方法简单，但充电时间不能根据蓄电池充电前的状态自动调整，所以可能会出现欠充或总充的过程和现象。

b. 温度控制。正常充电时，蓄电池的温度变化并不明显，但当蓄电池过充时，其内部气体压力将明显增大，负极板上氧化反应使内部发热，温度迅速上升。所以观察蓄电池的温度变化，可以判断蓄电池是否已经充满。

c. 电压控制。蓄电池充足电后，其端电压呈现下降趋势，据此将蓄电池电压出现负增长的时刻作为停充时刻。与温度控制法相比，这种方法响应速度快。此外，电压的负增长量与电压的绝对值无关，因此这种停充控制方法可适应于具有不同单格蓄电池数的蓄电池组，缺点是一般检测器灵敏度和可靠性不高。

(4) 铅酸蓄电池充放控制电路

① 电路结构

电路结构电路如图 5-16 所示。双电压比较器 IC1 两个反相输入端②脚和⑥脚连接在一起，并由稳压管提供 6.2V 的基准电压作比较电压，两个输出端①脚和⑦脚分别接反馈电阻，将部分输出信号反馈到同相输入端③脚和⑤脚，这样就把双电压比较器变成了双迟滞电压比较器，可使电路在比较电压的临界点附近不会产生振荡。R_1、RP_1、C_1、A_1、Q_1、Q_2 和 J_1 组成过充电压检测比较控制电路；R_3、RP_2、C_2、A_2、Q_3、Q_4 和 J_2 组成过放电压检测比较控制电路。电位器 RP_1 和 RP_2 起调节设定过充、过放电压的作用。可调三端稳压器 LM371 提供给 IC1 稳定的 8V 工作电压。被充电电池为 12V/65A · h 全密封免维护铅酸蓄电池；光伏电池用一块 40W 硅光伏电池组件在标准光照下输出 17V、2.3A 左右的直流工作电压和电流；VD_1 是防反充二极管，防止硅光伏电池在太阳光较弱时成为耗电器。

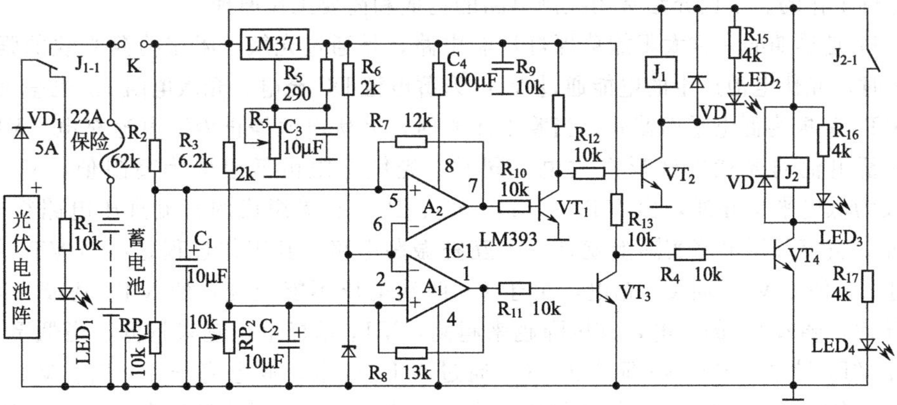

图 5-16 蓄电池电路结构

② 工作原理

当太阳光照射的时候，硅光伏电池组件产生的直流电流经过 J_{1-1} 常闭触点和 R_1，使 LED_1 发光，等待对蓄电池进行充电；K 闭合，三端稳压器输出 8V 电压，电路开始工作，过充电压检测比较控制电路和过放电压检测比较控制电路，同时对蓄电池端电压进行检测比较。当蓄电池端电压小于预先设定的过充电压值时，A_1 的⑥脚电位高于⑤脚电位，⑦脚输出低电位使 Q_1 截止，Q_2 导通，LED_2 发光指示充电，J_1 动作，其接点 J_{1-1} 转换位置，硅光伏电池组件通过 VD_1 对蓄电池充电。蓄电池逐渐被充满，当其端电压大于预先设定的过充电压值时，A_1 的⑥脚电位低于⑤脚电位，⑦脚输出高电位使 Q_1 导通，Q_2 截止，LED_2 熄灭，J_1 释放，J_{1-1} 断开充电回路，LED_1 发光，指示停止充电。

当蓄电池端电压大于预先设定的过放电压值时，A_2 的③脚电位高于②脚电位，①脚输出高电位使 Q_3 导通，Q_4 截止，LED_3 熄灭，J_2 释放。其常闭触点 J_{2-1} 闭合，LED_4 发光，指示负载工作正常；蓄电池对负载放电时端电压会逐渐降低，当端电压降低到小于预先设定的过放电压值时，A_2 的③脚电位低于②脚电位，①脚输出低电位使 Q_3 截止，24 熄灭。另一常闭接点 J_{2-2}（图中未绘出）也断开，切断负载回路，避免蓄电池继续放电。闭合 K，蓄电池又充电。

5.4.3 太阳能草坪灯控制电路制作

[任务目标]

掌握典型光控光伏控制器电路工作原理及典型电路制作。

[任务描述]

太阳能草坪灯控制电路是典型的光控光伏控制器，其应用价值非常广泛。对于光控控制器的典型应用，按照光伏电池特性及输出电压等级不同，可以分为多种典型电路。

[任务实施]

太阳能草坪灯具有安全、节能、环保、安装方便等特点。它主要利用光伏电池的能量为草坪灯供电。当白天太阳光照射在光伏电池上时，光伏电池将光能转变为电能并通过控制电路将电量存储在蓄电池中。天黑后，蓄电池中的电能通过控制电路为草坪灯的 LED 光源供电。第二天早晨天亮时，蓄电池停止为光源供电，草坪灯熄灭，光伏电池继续为蓄电池充电，周而复始，循环工作。太阳能草坪灯的控制电路就是通过外界光线的强弱让草坪灯按上述方式进行工作的。下面介绍常用控制电路的构成和简要工作原理。

图 5-17 是早期的一款太阳能草坪灯控制电路，是通过光敏电阻来检测光线的强弱。当有太阳光时，光伏电池产生的电能通过 VD_1 为蓄电池 DC 充电。光敏电阻 R_2 也呈现低电阻值，使 VT_2 基极为低电平而截止。当晚上无光时，光伏电池停止为蓄电池充电，VD_1 的设置阻止了蓄电池向光伏电池反向放电。同时，光敏电阻由低阻变为高阻值，VT_2 导通，VT_1 基极为低电平也导通，由 VT_3、VT_4、C_2、R_5、L 等组成的直流升压电路得电工作，LED 发光。直流升压电路实际上就是一个互补振荡电路，其工作过程是：当 VT_1 导通时，电源通过 L、R_5、VT_2 向 C_2 充电，由于 C_2 两端电压不能突变，使 VT_3 基极为高电平，VT_3 不导通，随着 C_2 的充电，其压降越来越高，VT_3 基极电位越来越低，当低至 VT_3 导通电压时 VT_3 导通，VT_4 随即导通，C_2 通过 VT_4 放电，放电完毕，VT_3、VT_4 再次截止，电源再次向 C_2 充电，如此周而复始，电路形成振荡。在振荡过程中，VT_4 导通时电源经 L 到地，电流经 L 储能。当 VT_4 截止时，L 两端产生感应电动势和电源电压叠加后驱动 LED 发光。

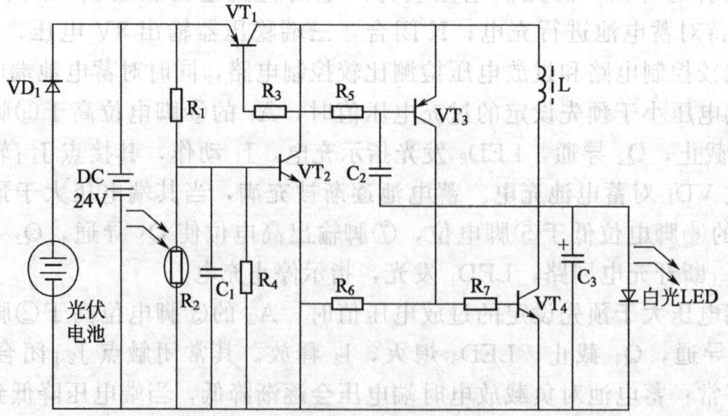

图 5-17 太阳能草坪灯控制电路原理图（一）

为防止蓄电池过度放电，电路中增加 R_4 和 VT_2 构成过放保护，当电池电压低至 2V 时，由于 R_4 的分压使 VT_2 不能导通，电路停止工作，蓄电池得到保护。当将光伏电池和蓄电池的电压提高到 3.6V 时，可将本电路简化，去掉 VT_3、VT_4 的互补振荡升压电路，直接驱动 LED 发光。其原理类似于图 5-18 电路。

图 5-18 是一个简单的太阳能草坪灯电路，该电路也可用在太阳能草皮灯及太阳能光控玩具中。与图 5-17 电路相比，其不再用光敏电阻检测光线强弱来控制电路的工作与否，而

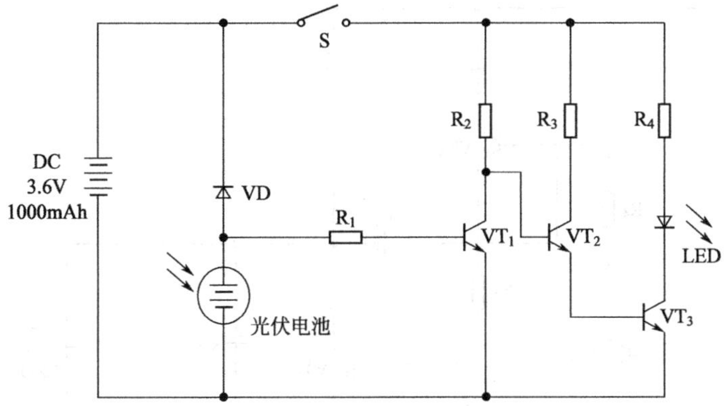

图 5-18 太阳能草坪灯控制电路原理图（二）

是用光伏电池兼作光线强弱的检测，因为光伏电池本身就是一个很好的光敏传感器件。当有阳光照射时，光伏电池发出的电能通过二极管 VD 向蓄电池 DC 充电，同时光伏电池的电压也通过 R_1 加到 VT_1 的基极，使 VT_1 导通，VT_2、VT_3 截止，LED 不发光。当黑夜来临时，光伏电池两端电压几乎为零，此时 VT_1 截止，VT_2、VT_3 导通，蓄电池中的电压通过 S、R_4 加到 LED 两端，LED 发光。在本电路中光伏电池兼作光控元件，调整 R_1 的阻值，可根据光线强弱调整灯的工作控制点。该电路的不足是没有防止蓄电池过度放电的电路或元件，当灯长时间在黑暗中时，蓄电池中的电能会基本耗尽。开关 S 是为了防止草坪灯在存储和运输当中将蓄电池的电能耗尽而设置的。

图 5-19 是一款目前运用较多的草坪灯控制电路图，VT_3、VT_4、L、C_1 和 R_5 组成互补振荡升压电路，其工作原理与图 5-17 电路基本相同，只是电路供电和存储采用了 1.2V 的蓄电池。VT_1、VT_2 组成光控制开关电路，当光伏电池上的电压低于 0.9V 时，VT_1 截止，VT_2 导通，VT_3、VT_4 等构成的升压电路工作，LED 发光。当天亮时，光伏电池电压高于 0.9V，VT_1 导通，VT_2 截止，VT_3 同时截止，电路停止振荡，LED 不发光。调整 R_2 的阻值，可调整开关灯的启控点。当蓄电池电压降到 0.7～0.8V 时，该电路将停止振荡。这款电路的优点，就是蓄电池电压降到 0.7V 草坪灯还能工作。而对于 1.2V 蓄电池来说，似乎已经有点过放电了，长期过放电必将影响蓄电池的使用寿命。因此有些厂家在图 5-19 电路的基础上做了一点改进，如图 5-20 所示，即在 VT_3 的发射极与电源正之间串入了一个二极管 VD_2。由于 VD_2 的接入，使 VT_3 进入放大区的电压叠加了 0.2V 左右，使得整个电路在

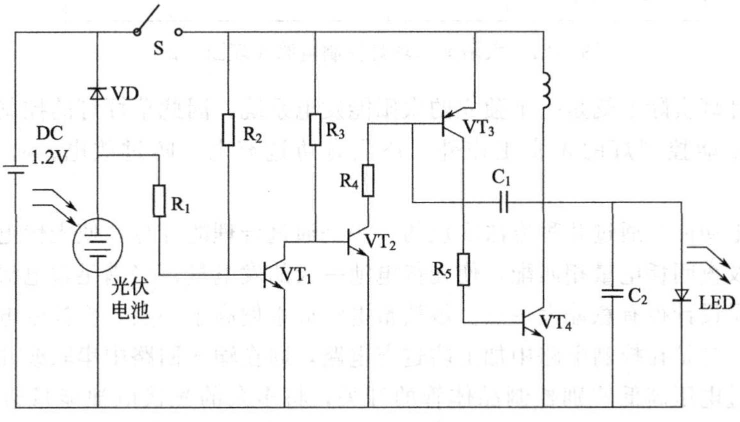

图 5-19 太阳能草坪灯控制电路原理图（三）

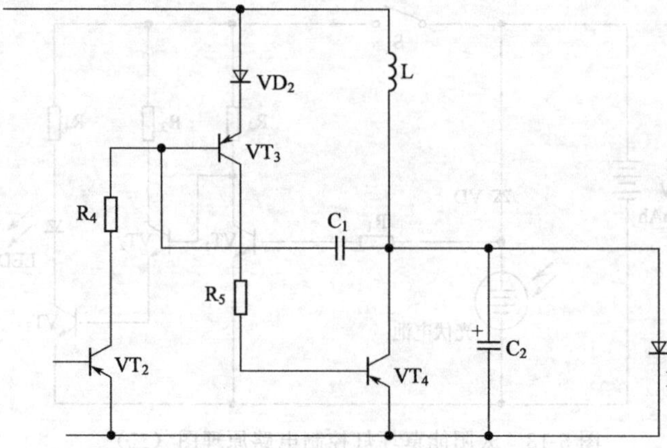

图 5-20　太阳能草坪灯控制电路改进

蓄电池电压降到 0.9～1.0V 时停止工作。经过改进的电路，蓄电池的使用寿命大致可以延长一倍。

图 5-21 控制电路内包含有充电电路、驱动电路、光敏控制电路和脉宽调制电路等。该电路具有转换效率高（80%～85%）、工作电压范围宽（0.9～1.4V）、输出电流在 5～40mA 范围内可调等优点，并具有良好的蓄电池过放电保护功能和低环境亮度开启功能。各引脚功能为：①②③蓄电池过放电保护控制端；④电源地；⑤启动端；⑥电源正；⑦脉宽调节端；⑧输出端。

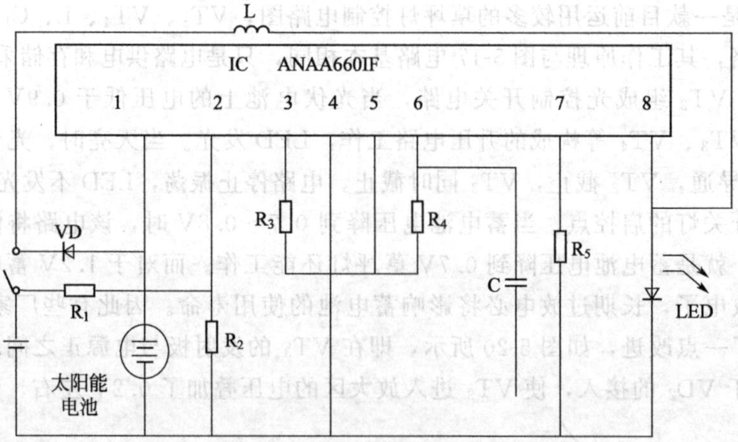

图 5-21　太阳能草坪灯控制电路原理图（四）

太阳能草坪灯实际上就是一个独立的太阳能发电系统，因此草坪灯的控制电路与其他控制器一样，除了能控制灯的正常工作外，还应有防过充电、防过放电、防反充电等保护功能。

防止过充电功能是通过几种方法实现的。一是通过合理的计算，使光伏电池的发电容量与蓄电池容量及夜间耗电量相匹配，使光伏电池一天的发电量正好满足蓄电池的存储量，甚至将蓄电池容量设计得有意偏大一点。虽然蓄电池成本偏高了一点，但控制电路不用专门设计防过充电路。二是在控制电路中加上防过充电路，即在输入回路中串联或并联一个晶体管泄放电路，通过电压高低鉴别控制晶体管的开关，将多余的光伏电池能量通过晶体管泄放掉，保证蓄电池不被过充电。

防止过放电电路的作用是保护蓄电池不因过度放电而损坏或缩短使用寿命。特别是太阳能草坪灯电路属于小倍率放电状态，放电截止电压更不能过低，因此，只要调整电路工作的截止电压，使控制电路在蓄电池达到过放电保护点的时候停止工作，就能起到过放电保护的作用。对采用 1.2V 供电的电路来讲，一般把供电截止电压调到 0.9～1.0V。

在图 5-16 和图 5-18 电路中，都采用一节 1.2V 蓄电池存储和供电，而不用两节或更多的电池串联供电，是因为蓄电池电压低，为蓄电池充电的光伏电池电压就可以相应地降低。而每片光伏电池无论面积大小，它的工作电压都只有 0.48V 左右，太阳能草坪灯用的光伏电池是用多片光伏电池片串联而成的光伏电池组件，在满足功率要求的情况下，电压越低，串联的光伏电池片就越少，这对简化工艺、降低成本十分有利；其次，当多节蓄电池串联时，对每节蓄电池的一致性要求都较高，性能有差异的蓄电池串联在一起构成的电池组，其充放电性能及充放电寿命等都会提早终结，这对系统的可靠性和降低成本方面反而不如采用一节蓄电池更为有利。

5.5 超级电容在 LED 灯具中的应用

[任务目标]

掌握典型超级电容控制电路工作原理及电路制作。

[任务描述]

超级电容在太阳能光伏控制器中主要工作过程为：光伏电池在光强时对超级电容进行充电，同时控制电路控制关闭 LED 灯；在光线较暗时控制电路开启 LED 灯。

[任务实施]

(1) 系统组成

整个系统由六个部分组成：光伏电池、充电稳压电路、超级电容、升压电路、控制电路、LED。其工作原理框图如图 5-22 所示。

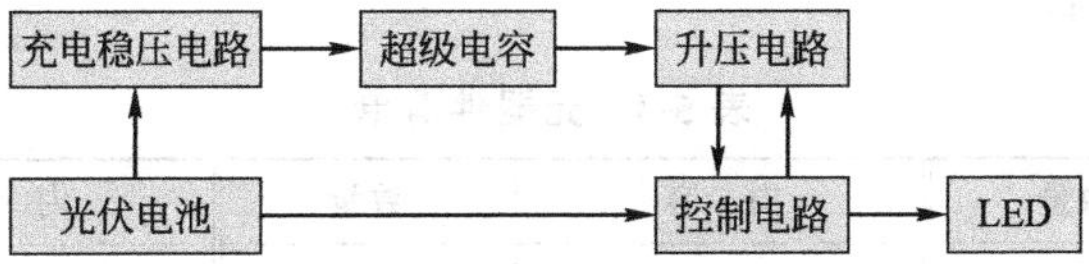

图 5-22 超级电容系统组成

首先由充电稳压电路控制光伏电池给超级电容充电，然后超级电容连接升压电路进行升压，给后续电路供电。控制电路通过比较光伏电池电压与超级电容电压、光伏电池电压与设定的基准电压来决定是否开启 LED，以此来实现自动控制。

(2) 主要电路

① 充电及稳压电路

充电及稳压电路用于控制光伏电池对超级电容充电，同时限制电容两端的最高电压以保护电容。此部分有一个肖特基二极管和一个稳压二极管。肖特基二极管用来防止在光线较弱时超级电容通过光伏电池放电，稳压管用来限制电容量两端的最高电压，详见图 5-23(a)。

② 升压电路

升压电路用来给整个后续电路提供一个稳定的 3.3V 的电压，用于使后续电路如 LED、比较器正常工作。包括一个 BL8530 芯片、一个电感、一个电解电容和一个肖特基二极管，详见图 5-23(b)。

③ 控制电路

控制电路用来控制 LED 在光强时关闭，光弱时开启。包括两个电压比较器，比较器 1 用来验证电容是否有电，比较器 2 用来验证外界光线是强是弱。只有外界光线足够弱，弱到光伏电池的电压低于设定的基准电压，同时低于超级电容的电压时，控制电路才会开启 LED 灯，两个条件只要有一个不满足，LED 都不会被点亮，详见图 5-23(c)。

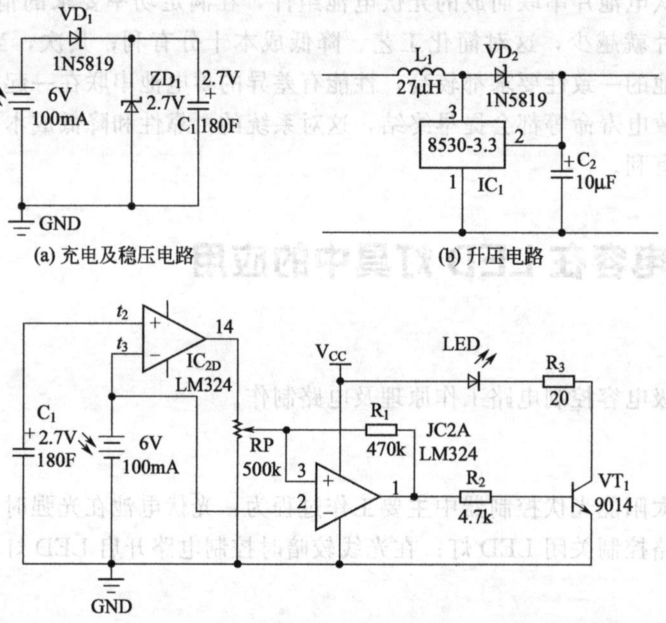

(a) 充电及稳压电路　　(b) 升压电路

(c) 控制电路

图 5-23　系统电路图

(3) 元器件清单

元器件清单见表 5-4。

表 5-4　元器件清单

内　容	数量	内　容	数量	内　容	数量
光伏电池	1	稳压二极管	1	色环电感	1
肖特基二极管	2	超级电容	2	BL-8530	1
LM324	1	精密可调电阻	1	色环电阻	3
LED	1				

思考题

1. 分析太阳能光伏控制器蓄电池检测控制电路原理。
2. 简述铅酸蓄电池充电、放电特性。
3. 利用仿真软件，绘制及仿真铅酸蓄电池充放控制电路。

项 目 6

光伏逆变器

[学习目标]

知识目标	能力目标
掌握光伏逆变器的分类及功能指标； 掌握典型光伏逆变器的工作原理； 掌握独立光伏控制器及并网光伏控制器工作过程	能认识和分析光伏逆变器技术指标； 能制作典型小型光伏控制器； 能配置独立光伏逆变器； 能配置并网光伏逆变器

[案例提示]

在光伏系统中，光伏电池板在阳光照射下生成直流电，但是直流电形式供电的系统有很大局限性。例如，日光灯、电视机、电冰箱等大多数家用电器均不能直接用直流电源供电，绝大多数动力机械也是如此。此外，当供电系统需要升高电压或降低电压时，交流系统只需要一个变压器即可。而直流系统中的升、降压技术与装置则要复杂得多。此外，除特殊用户外，在光伏发电系统中需要配备逆变器。逆变器一般还具有自动稳频稳压功能，可保障光伏发电的供电质量。如接入电网还需与电网同步。因此，逆变器已成为光伏发电系统中不可缺少的关键设备。

6.1 逆变器认识及测试

[任务目标]

掌握逆变器的参数指标及功能，能正确认识和选择逆变器。

[任务描述]

掌握和了解光伏逆变器的性能特点和技术参数，对于考察、评价和选用光伏逆变器有着积极的意义。

[案例引导]

光伏逆变器电路搭建。

内　　容	逆变器前	逆变后
输入波形(波形)		
输出波形(波形)		
频率变化/Hz		
电压情况/V		

[任务实施]

将直流电能变换成为交流电能的过程称为逆变，完成逆变功能的电路称为逆变电路，而实现逆变过程的装置称为逆变器或逆变设备。太阳能光伏系统中使用的逆变器是一种将光伏电池产生的直流电能转换为交流电能的转换装置。它使转换后的交流电的电压、频率与电力系统交流电的电压、频率相一致，以满足为各种交流用电装置、设备供电及并网发电的需要，它是光伏系统的大脑。

(1) 离网逆变器的主要特点

① 采用16位单片机或32位DSP微处理器进行控制。

② 太阳能充电采用PWM控制模式，大大提高了充电效率。

③ 采用数码或液晶显示各种运行参数，可灵活设置各种定值参数。

④ 方波、修正波、正弦波输出。纯正弦波输出时，波形失真率一般小于5%。

⑤ 稳压精度高，额定负载状态下，输出精度一般不大于±3%。

⑥ 具有缓启动功能，避免对蓄电池和负载的大电流冲击。

⑦ 高频变压器隔离，体积小，重量轻。

⑧ 配备标准的RS232/485通信接口，便于远程通信和控制。

⑨ 可在海拔5500m以上的环境中使用。适应环境温度范围为－20～50℃。

⑩ 具有输入接反保护、输入欠压保护、输入过压保护、输出过压保护、输出过载保护、输出短路保护、过热保护等多种保护功能。

(2) 并网型逆变器主要性能特点

① 功率开关器件采用新型IPM模块，大大提高系统效率。

② 采用MPPT自寻优技术实现光伏电池最大功率跟踪，最大限度地提高系统的发电量。

③ 液晶显示各种运行参数，人性化界面，可通过按键灵活设置各种运行参数。

④ 设置有多种通信接口可以选择，可方便地实现上位机监控（上位机是指人可以直接发出操控命令的计算机，屏幕上显示各种信号变化，如电压、电流、水位、温度、光伏发电量等）。

⑤ 具有完善的保护电路，系统可靠性高。

⑥ 具有较宽的直流电压输入范围。

⑦ 可实现多台逆变器并联组合运行，简化光伏发电站设计，使系统能够平滑扩容。

⑧ 具有电网保护装置，具有防孤岛保护功能。

(3) 光伏逆变器的主要技术参数

① 额定输出电压

光伏逆变器在规定的输入直流电压允许的波动范围内应能输出额定的电压值。一般在额定输出电压为单相220V和三相380V时，电压波动偏差有如下规定：

a. 在稳定状态运行时，一般要求电压波动偏差不超过额定值的±5%；

b. 在负载突变时，电压偏差不超过额定值的±10%；

c. 在正常工作条件下，逆变器输出的三相电压不平衡度不应超过8%；

d. 输出的电压波形（正弦波）失真度一般要求不超过5%；

e. 逆变器输出交流电压的频率在正常工作条件下其偏差应在1%以内，GB/T 19064—2003规定的输出电压频率应在49～51Hz之间。

② 负载功率因数

负载功率因数的大小表示了逆变器带感性负载的能力，在正弦波条件下负载功率因数为0.7～0.9。

③ 额定输出电流和额定输出容量

额定输出电流是表示在规定的负载功率因数范围内逆变器的额定输出电流，单位为A。额定输出容量是指当输出功率因数为1（即纯电阻性负载）时，逆变器额定输出电压和额定输出电流的乘积，单位是kV·A或kW。

④ 额定输出效率

额定输出效率是指在规定的工作条件下输出功率与输入功率之比，通常应在70%以上。逆变器的效率会随着负载的大小而改变，当负载率低于20%和高于80%时，效率要低一些。标准规定逆变器的输出功率在大于等于额定功率的75%时，效率应大于等于80%。

⑤ 过载能力

过载能力是要求逆变器在特定的输出功率条件下能持续工作一定的时间，其标准规定如下：

a. 输入电压与输出功率为额定值时，逆变器应连续可靠工作4h以上；

b. 输入电压与输出功率为额定值的125%时，逆变器应连续可靠工作1min以上；

c. 输入电压与输出功率为额定值的150%时，逆变器应连续可靠工作10s以上。

⑥ 额定直流输入电压

额定直流输入电压是指光伏发电系统中输入逆变器的直流电压。小功率逆变器输入电压一般为12V和24V，中、大功率逆变器电压有24V、48V、110V、220V和500V等。

⑦ 额定直流输入电流

额定直流输入电流是指太阳能光伏发电系统为逆变器提供的额定直流工作电流。

⑧ 直流电压输入范围

光伏逆变器直流输入电压允许在额定直流输入电压的90%～120%范围内变化，而不影响输出电压的变化。

⑨ 使用环境条件

a. 工作温度。逆变器功率器件的工作温度直接影响到逆变器的输出电压、波形、频率、相位等许多重要特性，而工作温度又与环境温度、海拔高度、相对湿度以及工作状态有关。

b. 工作环境。对于高频高压型逆变器，其工作特性和工作环境、工作状态有关。在高海拔地区，空气稀薄，容易出现电路极间放电，影响工作。在高湿度地区则容易结露，造成局部短路。因此逆变器都规定了适用的工作范围。

光伏逆变器的正常使用条件为：环境温度－20～＋50℃，海拔≤5500m，相对湿度≤93%，且无凝露。当工作环境和工作温度超出上述范围时，要考虑降低容量使用或重新设计定制。

⑩ 电磁干扰和噪声

逆变器中的开关电路极容易产生电磁干扰，容易在铁芯变压器上因振动而产生噪声，因而在设计和制造中都必须控制电磁干扰和噪声指标，使之满足有关标准和用户的要求。其噪声要求是：当输入电压为额定值时，在设备高度的1/2、正面距离为3m处用声级计分别测量50%额定负载和满载时的噪声应小于等于65dB。

⑪ 保护功能

太阳能光伏发电系统应该具有较高的可靠性和安全性。作为光伏发电系统重要组成部分的逆变器应具有如下保护功能。

a. 欠压保护。当输入电压低于规定的欠压断开（LVD）值时，逆变器应能自动关机保护。

b. 过电流保护。当工作电流超过额定值的150%时，逆变器应能自动保护。当电流恢复正常后，设备又能正常工作。

c. 短路保护。当逆变器输出短路时，应具有短路保护措施。短路排除后，设备应能正常工作。

d. 极性反接保护。逆变器的正极输入端与负极输入端反接时，逆变器应能自动保护。待极性正接后，设备应能正常工作。

e. 雷电保护。逆变器应具有雷电保护功能，其防雷器件的技术指标应能保证吸收预期的冲击能量。

⑫ 安全性能要求

a. 绝缘电阻。逆变器直流输入与机壳间的绝缘电阻应大于等于50MΩ，逆变器交流输出与机壳间的绝缘电阻应大于等于50MΩ。

b. 绝缘强度。逆变器的直流输入与机壳间应能承受频率为50Hz、正弦波交流电压为500V、历时1min的绝缘强度试验，无击穿或飞弧现象。逆变器交流输出与机壳间应能承受频率为50Hz、正弦波交流电压为1500V、历时1min的绝缘强度试验，无击穿或飞弧现象。

⑬ 输出电压稳定度

表征逆变器输出电压的稳压能力。多数逆变器产品给出的是输入直流电压在允许波动范围内该逆变器输出电压的偏差（%），通常称为电压调整率。高性能的逆变器应同时给出当负载由0%～100%变化时，该逆变器输出电压的偏差，通常称为负载调整率。性能良好的逆变器的电压调整率应≤±3%，负载调整率应≤±6%。

⑭ 整机效率

表征逆变器自身功率损耗的大小，通常以%表示。容量较大的逆变器还应给出满负荷效率值和低负荷效率值。kW级以下逆变器的效率应为80%～85%，10kW级逆变器的效率应为85%～90%。逆变器效率的高低对光伏发电系统提高有效发电量和降低发电成本有重要影响。

⑮ 启动性能

逆变器应保证在额定负载下可靠启动。高性能的逆变器可做到连续多次满负荷启动而不损坏功率器件。小型逆变器为了自身安全，有时采用软启动或限流启动。

对于大功率光伏发电系统和联网型光伏发电系统，逆变器的波形失真度和噪声水平等技术性能也十分重要。

表6-1是CPPV-N0600SB型逆变器技术参数。

表 6-1 逆变器参数

型号		CPPV-N0600SB
标称容量		600V·A/480W
直流输入	太阳能电	24～50V
	太阳能电	0.5～10A
	电池电压	24V DC±15%
输出电压		220V AC±2%
输出频率		50Hz±0.5Hz
输出波形		正弦波
总谐波失真		≤3%线性负载;非线性负载<5%
响应时间动态		<10ms
逆变器效率		≥83%线性负载
过载能力		120%过载 30s
工作温度		－10～50℃
冷却方式		温控强制通风
相对湿度		0%～90%不结露
指示功能	LCD 显示	逆变输出电压、逆变器输出频率、电池电压值、负载量等
	LED 指示	太阳能输入(绿);太阳能充电(橙);逆变器输出(绿);电池供电(橙);过载/故障(红)
保护功能		过载、短路、欠压、过压、过温
外形尺寸/mm 长×宽×高		250×450×855
输入输出装置		接线端子排

6.2 光伏逆变器控制原理

6.2.1 光伏逆变器工作原理

[任务目标]

掌握逆变器的组成结构及工作原理。

[任务描述]

将直流电能变换成为交流电能的过程称为逆变，完成逆变功能的电路称为逆变电路，而实现逆变过程的装置称为逆变器或逆变设备。太阳能光伏系统中使用的逆变器是一种将光伏电池产生的直流电能转换为交流电能的转换装置。光伏逆变器除了具有将直流转化为交流的功能外，还具有自动运行和停机、防孤岛效应、最大功率跟踪控制（MPPT）等功能。了解和掌握基本逆变过程是学习和制作逆变器的基础。

[任务实施]

(1) 光伏逆变器的分类

逆变器又称电源调整器。根据逆变器在光伏发电系统中的用途，可分为独立型电源用和并网用两种。根据波形调制方式，又可分为方波逆变器、阶梯波逆变器、正弦波逆变器和组合式三相逆变器。对用于并网系统的逆变器，根据有无变压器，可分为变压器型逆变器和无变压器型逆变器。在太阳能发电系统中，逆变器效率（逆变系数）的高低是决定光伏电池容量和蓄电池容量大小的重要因素。

逆变器的种类很多，可以按照不同方式进行分类。

按照逆变器输出交流电的相数，可分为单相逆变器、三相逆变器和多相逆变器。按照逆变器输出交流电的频率，可分为工频逆变器、中频逆变器和高频逆变器。按照逆变器的输出电压的波形，可分为方波逆变器、阶梯波逆变器和正弦波逆变器。按照逆变器线路原理的不同，可分为自激振荡型逆变器、阶梯波叠加型逆变器、脉宽调制型逆变器和谐振型逆变器等。按照逆变器主电路结构不同，可分为单端式逆变器、半桥式逆变器、全桥式逆变器和推挽式逆变器。按照逆变器输出功率大小的不同，可分为小功率逆变器（<1kW）、中功率逆变器（1～10kW）、大功率逆变器（>10kW）。按照逆变器输出能量的去向不同，可分为有源逆变器和无源逆变器。

对太阳能光伏发电系统来说，在并网型光伏发电系统中需要有源逆变器，而在离网独立型光伏发电系统中需要无源逆变器。

太阳能光伏发电系统中还可将逆变器分为离网型逆变器（应用在独立型光伏系统中的逆变器）和并网型逆变器。

(2) 光伏逆变器功能

逆变器具有很强的功能，归纳起来有直流转换为交流功能、自动运行和停机功能、最大功率跟踪控制功能、防孤岛效应功能（并网系统用）、电压自动调整功能（并网系统用）、直流检测功能（并网系统用）、直流接地检测功能（并网系统用）。这里简单介绍自动运行和停机功能及最大功率跟踪控制功能。

① 自动运行和停机功能

早晨日出后，太阳辐射强度逐渐增强，光伏电池阵列的输出也随之增大，当达到逆变器工作所需的输出功率后，逆变器即自动开始运行。进入运行后，逆变器便时刻监视光伏电池阵列的输出功率，只要光伏电池阵列的输出功率大于逆变器工作所需的输出功率，逆变器就持续运行，直到日落停机，即使阴雨天逆变器也能运行。当光伏电池阵列输出功率变小，逆变器输出接近0时，逆变器便形成待机状态。

② 最大功率跟踪控制功能（MPPT）

光伏电池组件的输出功率是随太阳辐射强度和光伏电池组件自身温度（芯片温度）而变化的。另外，由于光伏电池组件具有电压随电流增大而下降的特性，因此存在能获取最大功率的最佳工作点。太阳辐射强度是变化着的，显然最佳工作点也是在变化的。相对于这些变化，始终让光伏电池组件的工作点处于最大功率点，系统始终从光伏电池组件获取最大输出功率，这种控制就是最大功率跟踪控制。太阳能发电系统用的逆变器的最大特点就是包括了最大功率点跟踪（MPPT）这一功能。

MPPT控制，使逆变器的直流工作电压每隔一定时间稍微变动一些，然后测量此时的光伏电池的输出功率与前一次比较，如图6-1在A点将工作电压从U_1变化到U_2，若$P_1>P_2$，则把工作电压调回到U_1；若$P_1<P_2$，则把工作电压调到U_2，这样反复进行比较，总让系统工作在最大功率点。

③ 防孤岛效应功能

与电网并网的光伏发电系统正常运行过程中，当公共电网处于异常而停电时，光伏发电

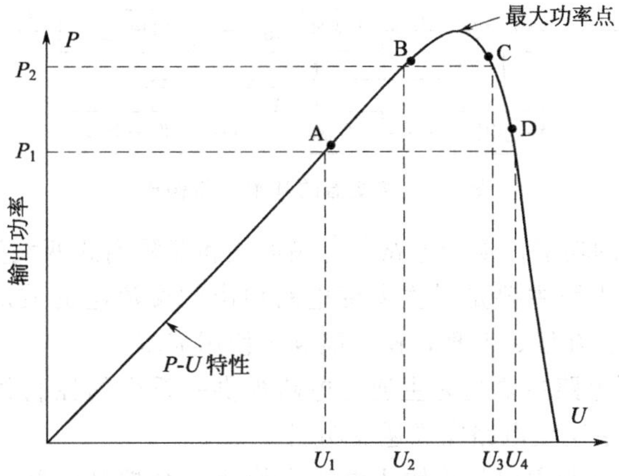

图 6-1 最大功率跟踪原理

系统仍可能持续向电力线路供电，并与本地负载连接处于独立运行状态，这种运行状态称为“孤岛效应”。“孤岛效应”的发生会产生严重的后果：

a. “孤岛”中的电压和频率无法控制，可能会用电设备造成损坏；

b. “孤岛”中的线路仍然带电，会对维修人员造成人身危险；

c. 当电网恢复正常时有可能造成非同相合闸，导致线路再次跳闸，对光伏并网正弦波逆变器和其他用电设备造成损坏；

d. “孤岛效应”时，若负载容量与光伏并网器容量不匹配，会造成对正弦波逆变器的损坏。

孤岛状态下的光伏发电系统脱离了电力管理部门的监控，这种运行方式在电力管理部门看来是不可控和高隐患的操作。因此，为了确保维修作为人员的安全，在逆变器电路中须有能检测出单独运行状态，并使光伏系统停止运行或与电网系统自动分离的功能。

④ 电压自动调整功能

对于并网光伏发电系统存在电能输送到公共电网的情况，受电点的电压升高，超出电力公司的规定运行范围。为了避免这些问题，要设置自动电压调整功能，防止电压上升。

(3) 逆变器的电路结构及主要元器件

逆变器主要由半导体功率器件和逆变器驱动、控制电路两大部分组成。随着微电子技术与电力电子技术的迅速发展，新型大功率半导体开关器件和驱动控制电路的出现，促进了逆变器的快速发展和技术完善。目前的逆变器多数采用功率场效应晶体管（VMOSFET）、绝缘栅极晶体管（IGBT）、可关断晶体管（GTO）、MOS 控制晶体管（MGT）、MOS 控制晶闸管（MCT）、静电感应晶体管（SIT）、静电感应晶闸管（SITH）以及智能型功率模块（IPM）等多种先进且易于控制的大功率器件，控制逆变驱动电路也从模拟集成电路发展到单片机控制，甚至采用数字信号处理器（DSP）控制，使逆变器向着高频化、节能化、全控化、集成化和多功能化方向发展。

① 逆变器的电路构成

逆变器的基本电路构成如图 6-2 所示，由输入电路、输出电路、主逆变开关电路（简称主逆变电路）、控制电路、辅助电路和保护电路等构成。各电路作用如下。

a. 输入电路。输入电路的主要作用就是为主逆变电路提供可确保其正常工作的直流工作电压。

b. 主逆变电路。主逆变电路是逆变电路的核心，它的主要作用是通过半导体开关器件

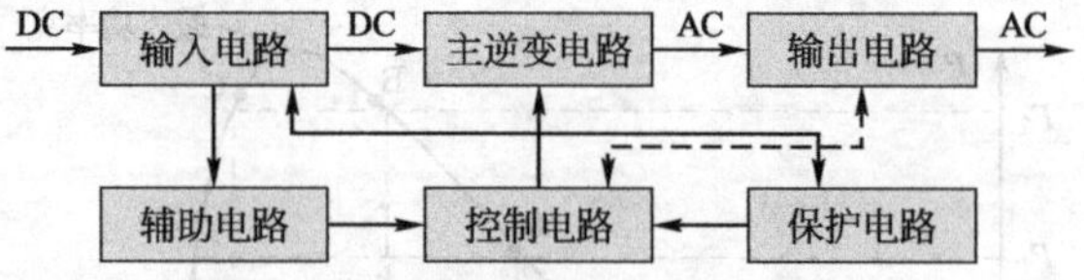

图 6-2 逆变器的基本电路构成

的导通和关断完成逆变的功能。逆变电路分为隔离式和非隔离式两大类。

c. 输出电路。输出电路主要是对主逆变电路输出的交流电的波形、频率、电压、电流的幅值相位等进行修正、补偿、调理，使之能满足使用需求。

d. 控制电路。控制电路主要是为主逆变电路提供一系列的控制脉冲来控制逆变开关器件的导通与关断，配合主逆变电路完成逆变功能。

e. 辅助电路。辅助电路主要是将输入电压变换成适合控制电路工作的直流电压。辅助电路还包含了多种检测电路。

f. 保护电路。保护电路主要包括输入过压、欠压保护，输出过压、欠压保护，过载保护，过流和短路保护，过热保护等。

② 逆变器的主要元器件

a. 半导体功率开关器件。主要有晶闸管、大功率晶体管、功率场效应管及功率模块等。

b. 逆变驱动和控制电路。传统的逆变器电路是用许多的分离元件和模拟集成电路等构成的，这种电路结构元件数量多、波形质量差、控制电路繁琐复杂。随着逆变技术高效率、大容量的要求和逆变技术复杂程度的提高，需要处理的信息量越来越大，而微处理器和专用电路的发展，满足了逆变器技术发展的要求。

光伏系统逆变器的逆变驱动电路主要是针对功率开关器件的驱动，要得到好的 PWM 脉冲波形，驱动电路的设计很重要。随着微电子和集成电路技术的发展，许多专用多功能集成电路的陆续推出，给应用电路的设计带来了极大的方便，同时也使逆变器的性能得以极大的提高。如各种开关驱动电路 SG3524、SG3525、TL494、IR2130、TLP250 等，在逆变器电路中得到广泛应用。

光伏逆变器中常用的控制电路主要是对驱动电路提供符合要求的逻辑与波形，如 PWM、SPWM 控制信号等，从 8 位带有 PWM 口的微处理器到 16 位单片机，直至 32 位 DSP 器件等，先进的控制技术如矢量控制技术、多电平变换技术、重复控制技术、模糊逻辑控制技术等在逆变器中得到应用。在逆变器中常用的微处理器电路有 MP16、8XC196MC、PIC16C73、68HC16、MB90260、PD78366、SH7034、M37704、M37705 等，常用的专用数字信号处理器（DSP）电路有 TMS320F206、TMS320F240 等。

(4) 逆变器电路原理

逆变器基本电路结构如图 6-3(a) 所示，由晶体管和半导体功率开关构成，通过开关器件有规律的断开和闭合变成方形波，原理如图 6-3(b) 所示，再运用脉宽调制技术，将正弦波形两边附近的电压脉冲变窄，中间脉冲变宽，半周期内向同方向多次进行开关动作，将直流转变成交流，如图 6-4 所示。

6.2.2 独立型逆变器

[任务目标]

掌握单相推挽逆变器、单相半桥式逆变电路、全桥式逆变电路的工作原理及典型电路制

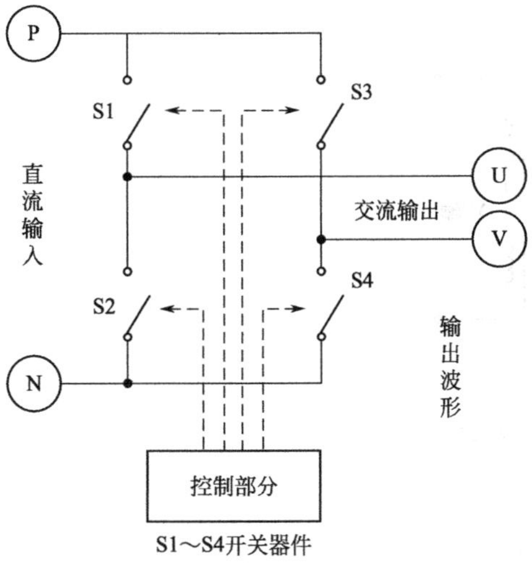

(a) 电路结构

	1	2	3	4	1
S1	ON	ON	OFF	OFF	ON
S2	OFF	OFF	ON	ON	OFF
S3	OFF	ON	ON	OFF	OFF
S4	ON	OFF	OFF	ON	ON

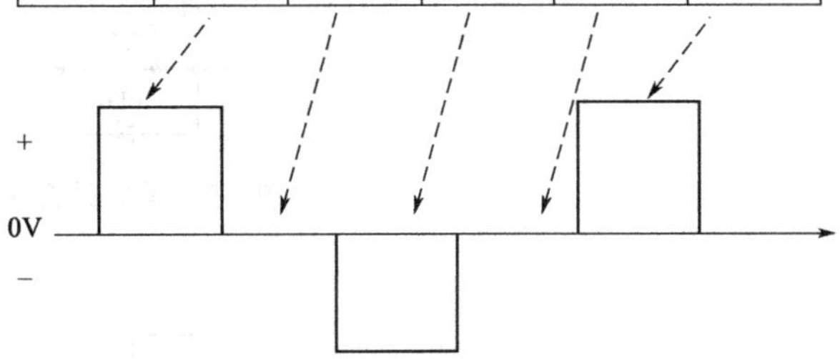

(b) 电路原理

图 6-3 逆变器基本电路

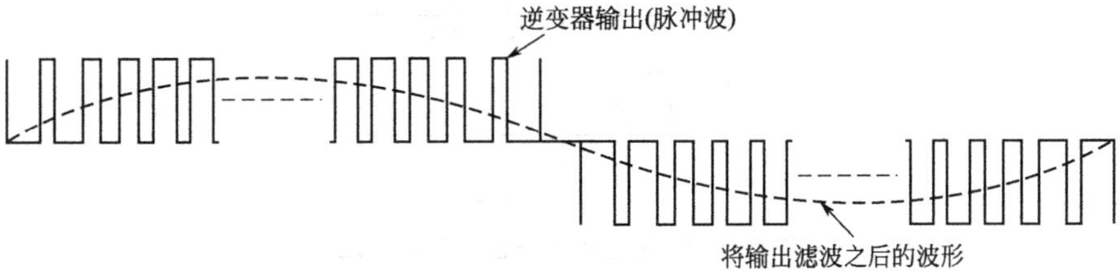

图 6-4 逆变器的输出波

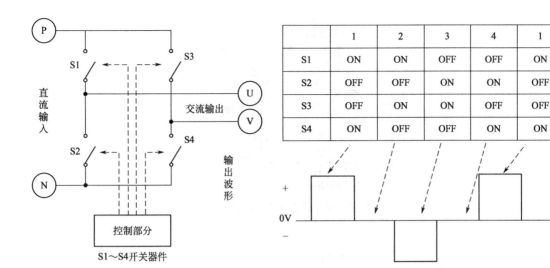

作与调试。掌握三相逆变器电路工作原理。

[任务描述]

逆变器的工作原理是通过功率半导体开关器件的开通和关断作用，把直流电能变换成交流电能。单相逆变器的基本电路有推挽式、半桥式和全桥式三种，虽然电路结构不同，但工作原理类似。电路中都使用具有开关特性的半导体功率器件，由控制电路周期性地对功率器件发出开关脉冲控制信号，控制各个功率器件轮流导通和关断，再经过变压器耦合升压或降压后，整形滤波输出符合要求的交流电。

[案例引导]

单相推挽逆变器电路的制作。

[任务实施]

(1) 单相推挽逆变器电路原理

单相推挽逆变器电路工作原理如图 6-5 所示，该电路由 2 个共负极功率开关和 1 个带有中心抽头的升压变压器组成。若输出端接阻性负载，当 $t_1 \leqslant t \leqslant t_2$ 时，VT_1 功率管加上栅极驱动信号 U_1，VT_1 导通，VT_2 截止，变压器输出端输出正电压；当 $t_3 \leqslant t \leqslant t_4$ 时，VT_2 功率管加上栅极驱动信号 U_2，VT_2 导通，VT_1 截止，变压器输出端输出负电压。因此变压输出电压 U_o 为方波，如图 6-6 所示。若输出端接感性负载，则变压器内的电流波形连续，输出电压、电流波形如图 6-7 所示，读者可自行分析此波形的形成原理。

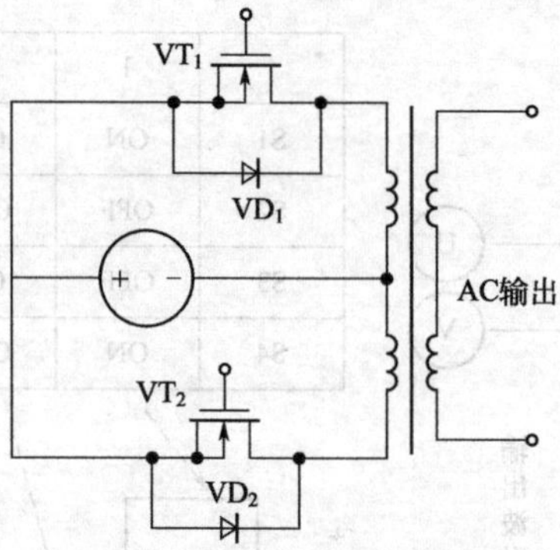

图 6-5 单相推挽逆变器电路

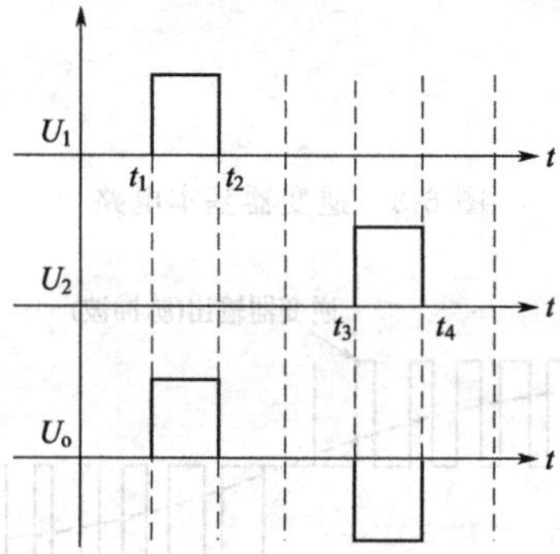

图 6-6 推挽逆变电路输入输出电压

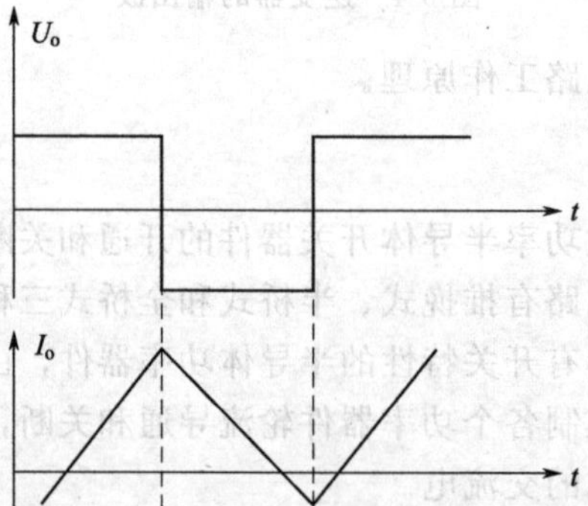

图 6-7 推挽逆变电路输出电压、电流波形

(2) 单相半桥式逆变电路原理

单相半桥式逆变电路结构如图 6-8 所示，该电路由两只功率开关管和两只储能电容器等组成。当功率开关管 VT_1 导通时，电容 C_1 上的能量释放到负载 R_L 上；当 VT_2 导通时，电容 C_2 的能量通过变压器释放到负载 R_L 上；VT_1、VT_2 轮流导通时，在负载两端获得了交流电源。

(3) 全桥式逆变电路

全桥式逆变电路结构如图 6-9 所示。该电路由两个半桥电路组成，开关功率管 VT_1 和 VT_2 互补，VT_3 和 VT_4 互补。当 VT_1 与 VT_3 同时导通时，负载电压 $U_o=U_d$；当 VT_2 与

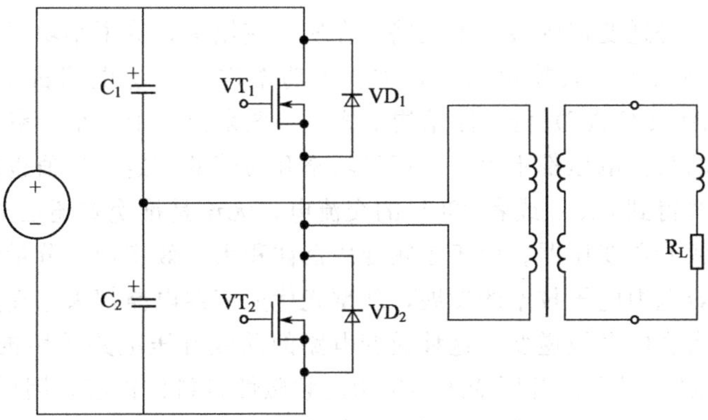

图 6-8 单相半桥式逆变电路原理

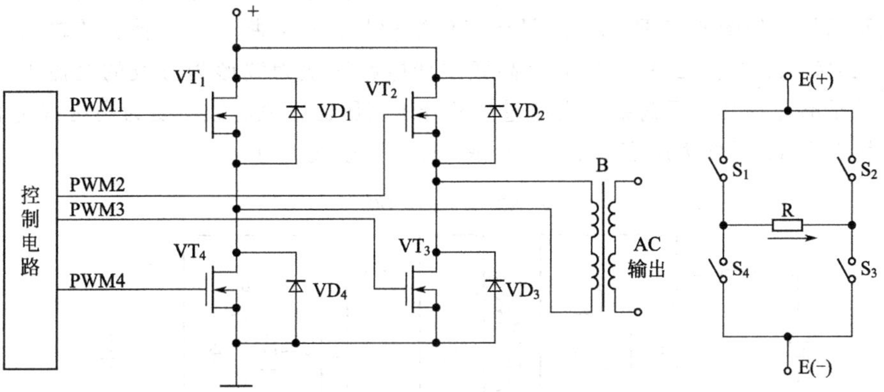

图 6-9 全桥逆变电路

VT_4 同时导通时，负载两端 $U_o=U_d$；VT_1、VT_3 和 VT_2、VT_4 轮流导通，负载两端得到交流电能。若负载具有一定电感，即负载电流落后于电压角度，在 VT_1、VT_3 功率管加上驱动信号，由于电流的滞后，此时 VT_1、VT_3 仍处于导通续流阶段，当经过 ϕ 电角度时，电流仍过零，电源向负载输送有功功率。同样当 VT_2、VT_4 加上栅极驱动信号时，VT_2、VT_4 仍处于续流状态，此时能量从负载馈送回直流侧，经过 ϕ 角度后，VT_2、VT_4 才真正流过电流。综上所述，VT_1、VT_3 和 VT_2、VT_4 分别工作半个周期，其输出电压波形为 180°的方波，如图 6-10 所示。

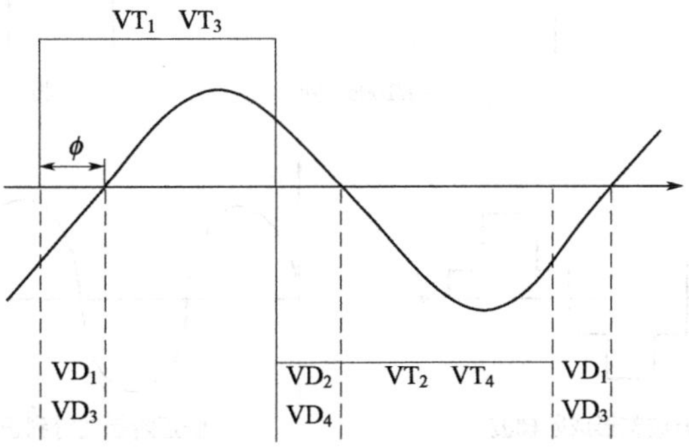

图 6-10 全桥式逆变波形图

(4) 逆变结构

上述几种电路都是逆变器的最基本电路，在实际应用中，除了小功率光伏逆变器主电路采用这种单级的（DC-AC）转换电路外，中、大功率逆变器主电路都采用两级（DC-DC-AC）或三级（DC-AC-DC-AC）的电路结构形式。一般来说，中、小功率光伏系统的光伏电池组件或方阵输出的直流电压都不太高，而且功率开关管的额定耐压值也都比较低，因此逆变电压也比较低，要得到220V或者380V的交流电，无论是推挽式还是全桥式的逆变电路，其输出都必须加工频升压变压器。由于工频变压器体积大、效率低、分量重，因此只能在小功率场合应用。随着电力电子技术的发展，新型光伏逆变器电路都采用高频开关技术和软开关技术实现高功率密度的多级逆变。这种逆变电路的前级升压电路采用推挽逆变电路结构，但工作频率都在20kHz以上。升压变压器采用高频磁性材料作铁芯，因而体积小、重量轻。低电压直流电经过高频逆变后变成了高频高压交流电，又经过高频整流滤波电路后得到高压直流电（一般均在300V以上），再通过工频逆变电路实现逆变，得到220V或者380V的交流电，整个系统的逆变效率可达到90%以上。目前大多数正弦波光伏逆变器都是采用这种三级的电路结构，如图6-11所示。其具体工作过程是：首先将光伏电池方阵输出的直流电（如24V、48V、110V、220V等）通过高频逆变电路逆变为波形为方波的交流电，逆变频率一般在几千赫兹到几十千赫兹，再通过高频升压变压器整流滤波后变为高压直流电，然后经过第三级DC-AC逆变为所需要的220V或380V工频交流电。

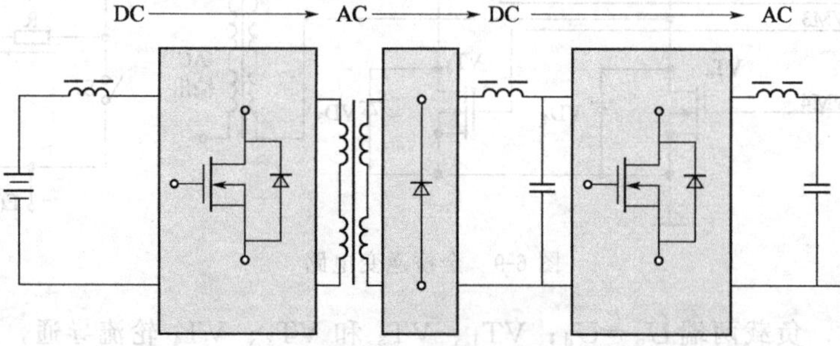

图6-11 逆变器的三级电路结构原理示意图

图6-12是逆变器将直流电转换成交流电的转换过程示意图。半导体功率开关器件在控制电路的作用下以1/100s的速度开关将直流切断，并将其中一半的波形反向而得到矩形的

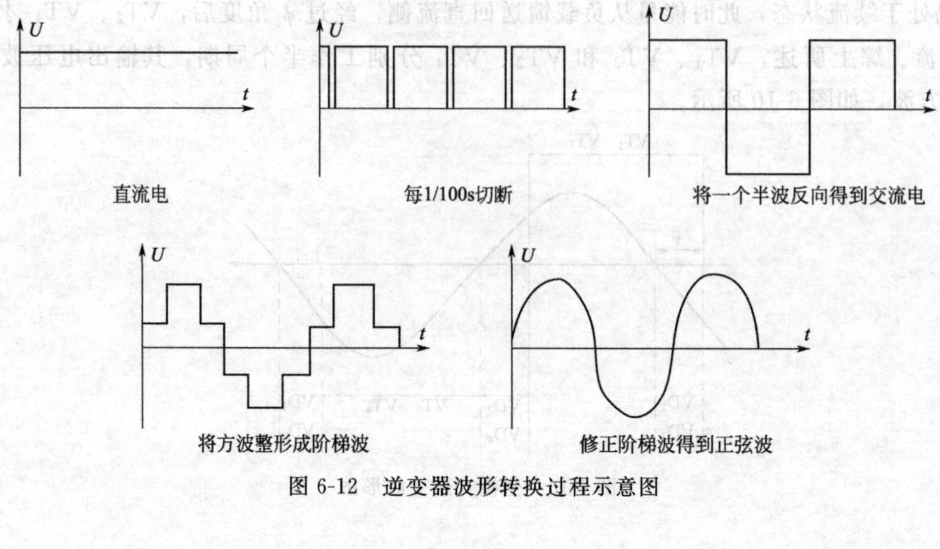

图6-12 逆变器波形转换过程示意图

交流波形，然后通过电路使矩形的交流波形平滑，得到正弦交流波形。

(5) 不同波形单相逆变器优缺点

逆变器按照输出电压波形的不同，可分为方波逆变器、阶梯波逆变器和正弦波逆变器，其输出波形如图 6-13 所示。在太阳能光伏发电系统中，方波和阶梯波逆变器一般都用在小功率场合。下面分别对这三种不同输出波形逆变器的优缺点进行介绍。

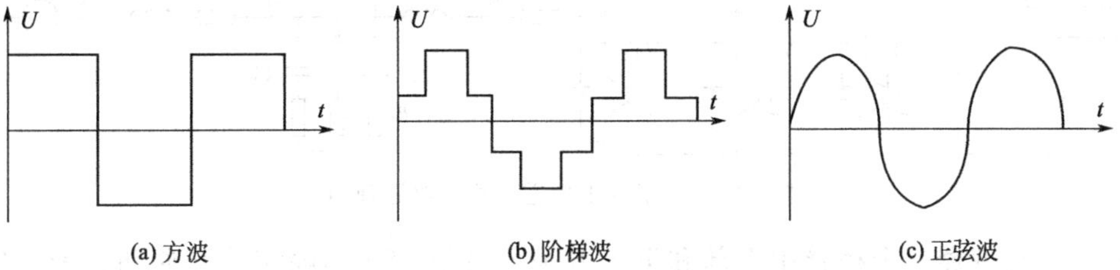

图 6-13 逆变器输出波形示意图

① 方波逆变器

方波逆变器输出的波形是方波，也叫矩形波。尽管方波逆变器所使用的电路不尽相同，但共同的优点是线路简单（使用的功率开关管数量最少）、价格便宜、维修方便。其设计功率一般在数百瓦到几千瓦之间。缺点是调压范围窄，噪声较大，含有大量高次谐波，带感性负载如电动机等用电器时将产生附加损耗，因此效率低，电磁干扰大。

② 阶梯波逆变器

阶梯波逆变器也叫修正波逆变器。阶梯波比方波波形有明显改善，波形类似于正弦波，波形中的高次谐波含量少，故可以带包括感性负载在内的各种负载。用无变压器输出时，整机效率高。缺点是线路较为复杂。为把方波修正成阶梯波，需要多个不同的复杂电路，产生多种波形叠加修正而成，这些电路使用的功率开关管也较多，电磁干扰严重。阶梯波形逆变器不能应用于并网发电的场合。

③ 正弦波逆变器

正弦波逆变器输出的波形与交流市电的波形相同。这种逆变器的优点是输出波形好、失真度低，干扰小、噪声低，保护功能齐全，整机性能好，技术含量高。缺点是线路复杂、维修困难、价格较贵。

(6) 三相逆变器电路原理

单相逆变器电路由于受到功率开关器件的容量、零线（中性线）电流、电网负载平衡要求和用电负载性质等的限制，容量一般都在 100kV·A 以下，大容量的逆变电路大多采用三相形式。三相逆变器按照直流电源的性质不同，分为三相电压型逆变器和三相电流型逆变器。

① 三相电压型逆变器

电压型逆变器就是逆变电路中的输入直流能量由一个稳定的电压源提供，其特点是逆变器在脉宽调制时的输出电压的幅值等于电压源的幅值，而电流波形取决于实际的负载阻抗。三相电压型逆变器的基本电路如图 6-14 所示。该电路主要由 6 只功率开关器件和 6 只续流二极管以及带中性点的直流电源构成。图中负载 L 和 R 表示三相负载的各路相电感和相电阻。

图 6-14 中，功率开关器件 VT_1～VT_6 在控制电路的作用下，控制信号为三相互差 120° 的脉冲信号时，可以控制每个功率开关器件导通 180°或 120°，相邻两个开关器件的导通时

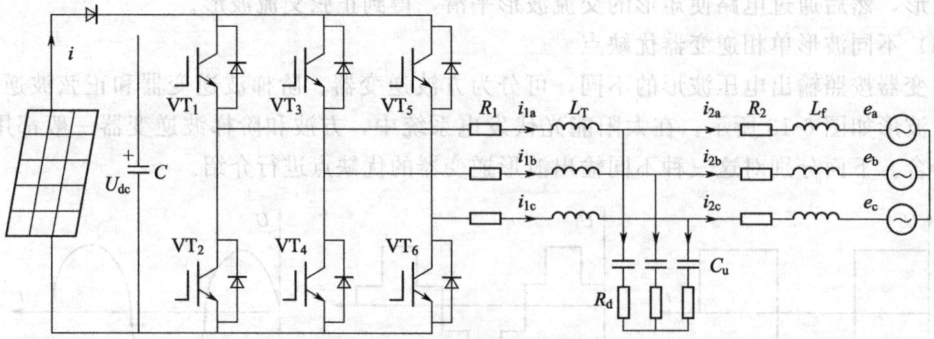

图 6-14 三相电压型逆变器电路原理图

间互差 60°，逆变器三个桥臂中上部和下部开关元件以 180°间隔交替开通和关断，VT_1～VT_6 以 60°的电位差依次开通和关断，在逆变器输出端形成 a、b、c 三相电压。

控制电路输出的开关控制信号可以是方波、阶梯波、脉宽调制方波、脉宽调制三角波和锯齿波等，其中后三种脉宽调制的波形都是以基础波作为载波，正弦波作为调制波，最后输出正弦波波形。普通方波和被正弦波调制的方波的区别如图 6-15 所示。与普通方波信号相比，被调制的方波信号是按照正弦波规律变化的系列方波信号，即普通方波信号是连续导通的，而被调制的方波信号要在正弦波调制的周期内导通和关断 N 次。

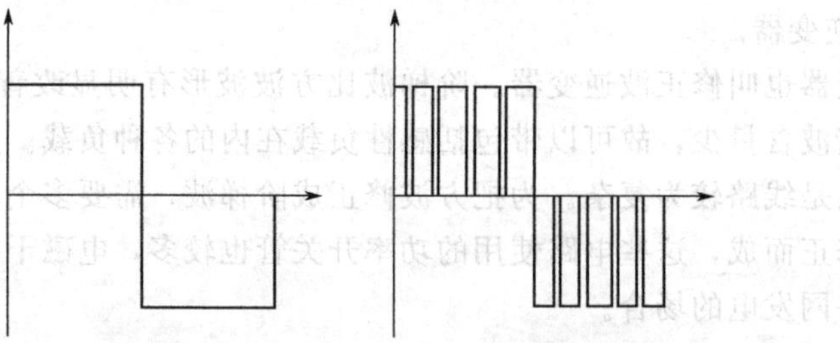

(a) 方波　　(b) 调制波形

图 6-15 方波与被调制方波波形示意图

② 三相电流型逆变器

电流型逆变器的直流输入电源是一个恒定的直流电流源，需要调制的是电流。若一个矩形电流注入负载，电压波形则是在负载阻抗的作用下生成的。在电流型逆变器中，有两种不同的方法控制基波电流的幅值：一种方法是直流电流源的幅值变化法，这种方法使得交流电输出侧的电流控制比较简单；另一种方法是用脉宽调制来控制基波电流。三相电流型逆变器的基本电路如图 6-16 所示。该电路由 6 只功率开关器件和 6 只阻断二极管以及直流恒流电源、浪涌吸收电容等构成，R 为用电负载。

电流型逆变器的特点是在直流电输入侧接有较大的滤波电感，当负载功率因数变化时，交流输出电流的波形不变，即交流输出电流波形与负载无关。从电路结构上与电压型逆变器不同的是，电压型逆变器在每个功率开关元件上并联了一个续流二极管，而电流型逆变器则是在每个功率开关元件上串联了一个反向阻断二极管。

与三相电压型逆变器电路一样，三相电流型逆变器也是由三组上下一对的功率开关元件构成，但开关动作的方法与电压型的不同。由于在直流输入侧串联了大电感 L，使直流电流的波动变化较小，当功率开关器件开关动作和切换时，都能保持电流的稳定和连续。因此三个桥臂中上边开关元件 VT_1、VT_3、VT_5 中的一个和下边开关元件 VT_2、VT_4、VT_6 中的

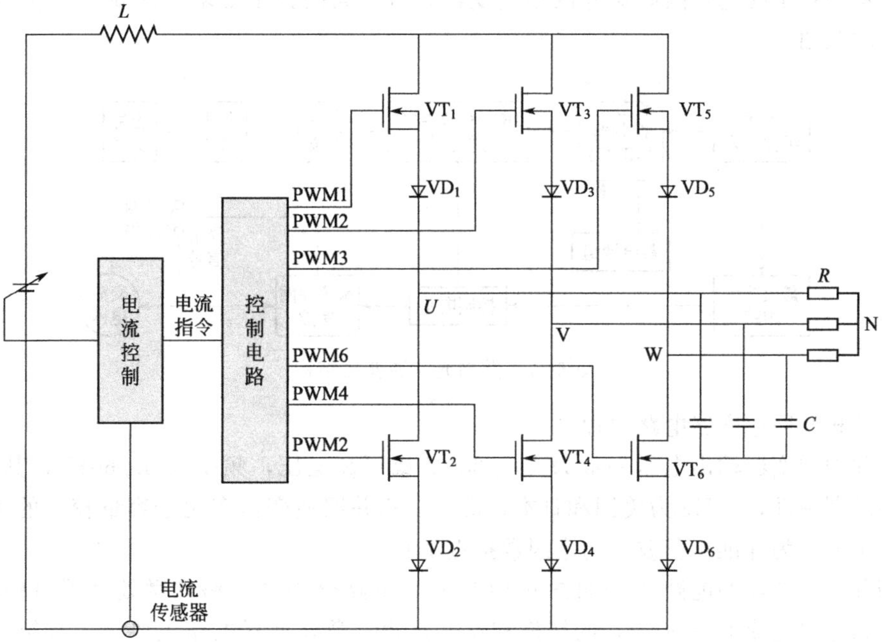

图 6-16　三相电流型逆变器电路原理图

一个，均可按每隔 1/3 周期分别流过一定值的电流，输出的电流波形是高度为该电流值的 120°通电期间的方波。另外，为防止连接感性负载时电流急剧变化而产生浪涌电压，在逆变器的输出端并联了浪涌吸收电容 C。

三相电流型逆变器的直流电源即直流电流源，是利用可变电压的电源通过电流反馈控制来实现的。但是，仅用电流反馈，不能减少因开关动作形成的逆变器输入电压的波动而使电流随着波动，所以在电源输入端串入了大电感（电抗器）L。

电流型逆变器非常适合在并网系统应用，特别是太阳能光伏发电系统中，电流型逆变器有着独特的优势。

6.2.3　并网型逆变器

[任务目标]

掌握三相并网逆变器电路原理，掌握单相并网逆变器工作原理。

[任务描述]

并网控制的目的是使逆变器输出的交流电压值、波形、相位等维持在规定的范围内，因此，微处理器控制电路要完成电网相位实时检测、电流相位反馈控制、光伏方阵最大功率跟踪以及实时正弦波脉宽调制信号发生等内容。

[任务实施]

（1）并网逆变器结构

并网逆变器是并网光伏发电系统的核心部件。与离网型光伏逆变器相比，并网逆变器不仅要将太阳能光伏发出的直流电转换为交流电，还要对交流电的电压、电流、频率、相位与同步等进行控制，还要解决对电网的电磁干扰、自我保护、单独运行和“孤岛效应”以及最大功率跟踪等技术问题，因此对并网型逆变器要有更高的技术要求。图 6-17 是并网光伏逆变器结构示意图。

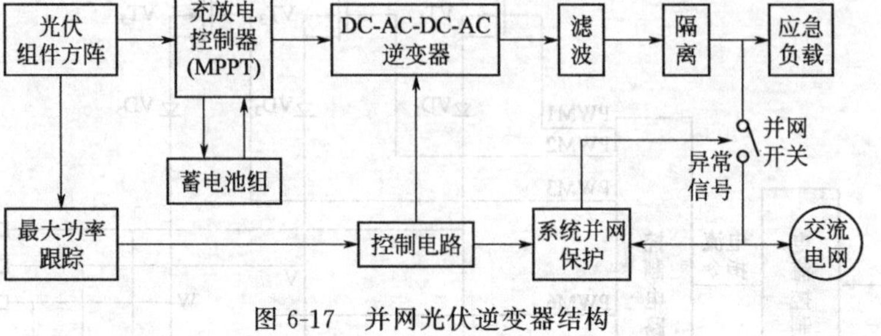

图 6-17 并网光伏逆变器结构

(2) 三相并网逆变器电路原理

三相并网逆变器输出电压一般为交流 380V 或更高电压，频率为 50/60Hz，其中 50Hz 为中国和欧洲标准，60Hz 为美国和日本标准。三相并网逆变器多用于容量较大的光伏发电系统，输出波形为标准正弦波，功率因数接近 1.0。

三相并网逆变器的电路原理如图 6-18 所示。电路分为主电路和微处理器电路两部分，其中主电路主要完成 DC-DC-AC 的转换和逆变过程。微处理器电路主要完成系统并网的控制过程。系统并网控制的目的是使逆变器输出的交流电压值、波形、相位等维持在规定的范围内，因此，微处理器控制电路要完成电网相位实时检测、电流相位反馈控制、光伏方阵最大功率跟踪以及实时正弦波脉宽调制信号发生等内容。具体工作过程如下：公用电网的电压和相位经过霍尔电压传感器送给微处理器的 A/D 转换器，微处理器将回馈电流的相位与公用电网的电压相位做比较，其误差信号通过 PID 运算器运算调节后送给 PWM 脉宽调制器，这就完成了功率因数为 1 的电能回馈过程。微处理器完成的另一项主要工作是实现光伏方阵的最大功率输出。光伏方阵的输出电压和电流分别由电压、电流传感器检测并相乘，得到方阵输出功率，然后调节 PWM 输出占空比。这个占空比的调节实质上就是调节回馈电压的大小，从而实现最大功率寻优。当 U 的幅值变化时，回馈电流与电网电压之间的相位角也将

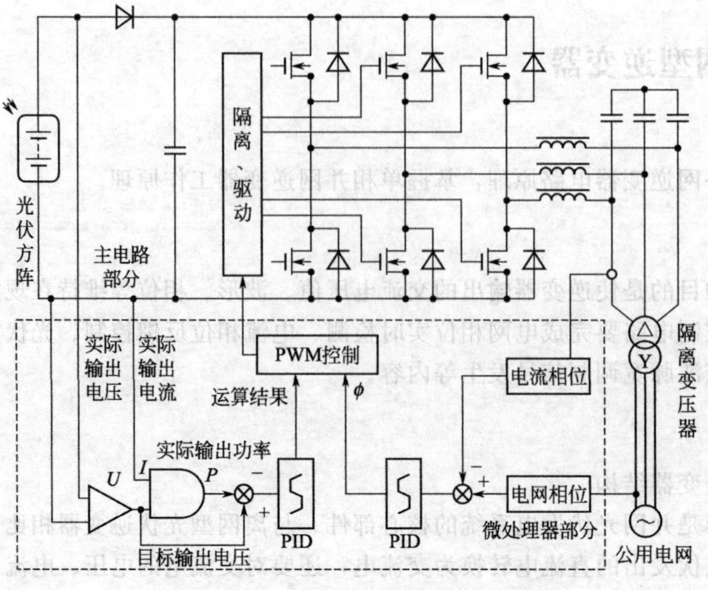

图 6-18 三相并网逆变器电路原理示意图

有一定的变化。由于电流相位已实现了反馈控制，因此自然实现了相位有幅值的解耦控制，使微处理器的处理过程更简便。

(3) 单相并网逆变器电路原理

单相并网逆变器输出电压为交流 220V 或 110V 等，频率为 50Hz，波形为正弦波，多用于小型的户用系统。单相并网逆变器电路原理如图 6-19 所示，其逆变和控制过程与三相并网逆变器基本类似。

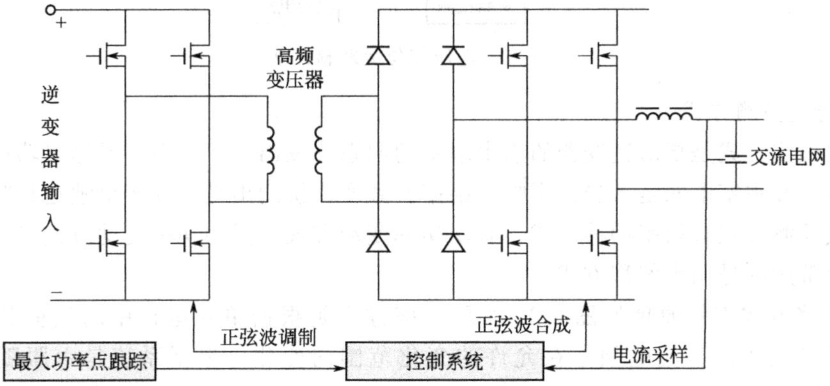

图 6-19 单项并网逆变器电路原理示意图

(4) 并网逆变器单独运行的检测与防止“孤岛效应”

当太阳能光伏发电系统的发电功率与负载用电功率平衡时，即使电力系统断电，光伏发电系统输出端的电压和频率等参数不会快速随之变化，使光伏发电系统无法正确判断电力系统是否发生故障或中断供电，因而极易导致“孤岛效应”现象的发生。

“孤岛效应”的发生会产生严重的后果，为了确保维修作业人员的安全和电力供电的及时恢复，当电力系统停电时，必须使光伏系统停止运行或与电力系统自动分离（此时光伏系统自动切换成独立供电系统，还将继续运行为一些应急负载和必要负载供电）。

在逆变器电路中，检测出光伏系统单独运行状态的功能称为单独运行检测。检测出单独运行状态，并使光伏系统停止运行或与电力系统自动分离的功能就叫单独运行停止或孤岛效应防止。

单独运行检测方式分为被动式检测和主动式检测两种方式。

① 被动式检测方式

被动式检测方式是通过实时监视电网系统的电压、频率、相位的变化，检测因电网电力系统停电向单独运行过渡时的电压波动、相位跳动、频率变化等参数变化，检测出单独运行状态的方法。

被动式检测方式有电压相位跳跃检测法、频率变化率检测法、电压谐波检测法、输出功率变化率检测法等，其中电压相位跳跃检测法较为常用。

电压相位跳跃检测法的检测原理如图 6-20 所示，其检测过程是：周期性地测出逆变器的交流电压的周期，如果周期的偏移超过某设定值以上时，则可判定为单独运行状态，此时使逆变器停止运行或脱离电网运行。通常与电力系统并网的逆变器是在功率因数为 1（即电力系统电压与逆变器的输出电流同相）的情况下运行，逆变器不向负载供给无功功率，而由电力系统供给无功功率。但单独运行时电力系统无法供给无功功率，逆变器不得不向负载供给无功功率，其结果是使电压的相位发生骤变。检测电路检测出电压相位的变化，判定光伏发电系统处于单独运行状态。

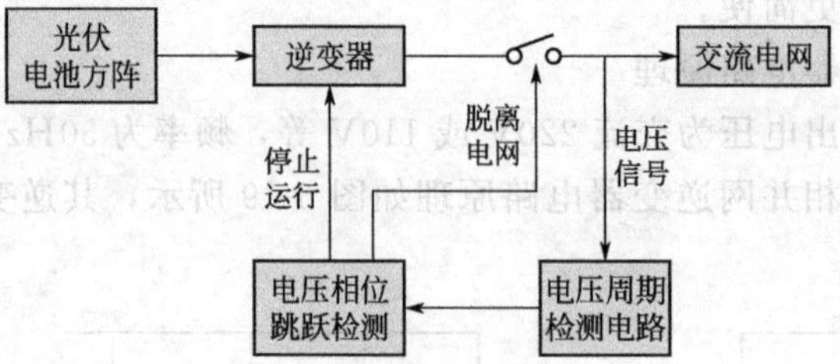

图 6-20 电压相位跳跃检测法

② 主动式检测方式

主动式检测方式是指由逆变器的输出端主动向系统发出电压、频率或输出功率等变化量的扰动信号，并观察电网是否受到影响，根据参数变化检测出是否处于单独运行状态。

主动式检测方式有频率偏移方式、有功功率变动方式、无功功率变动方式以及负载变动方式等。较常用的是频率偏移方式。

频率偏移方式工作原理如图 6-21 所示。该方式是根据单独运行中的负荷状况，使太阳能光伏系统输出的交流电频率在允许的变化范围内变化，根据系统是否跟随其变化来判断光伏发电系统是否处于单独运行状态。例如，使逆变器的输出频率相对于系统频率做±0.1Hz 的波动，在与系统并网时，此频率的波动会被系统吸收，所以系统的频率不会改变。当系统处于单独运行状态时，此频率的波动会引起系统频率的变化，根据检测出的频率，可以判断为单独运行。一般当频率波动持续 0.5s 以上时，则逆变器会停止运行或与电力电网脱离。

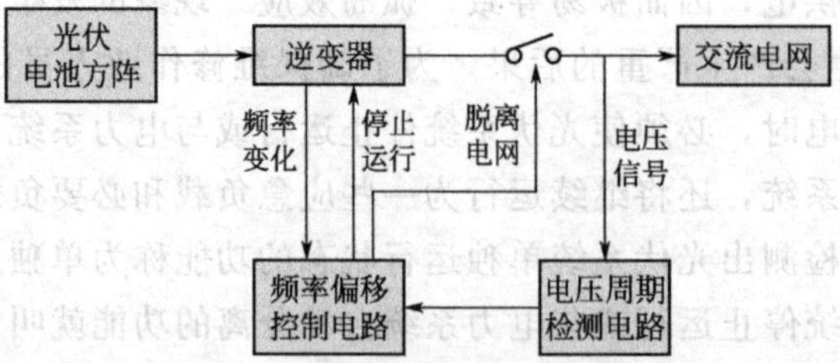

图 6-21 频率偏移方式工作原理图

(5) 并网逆变器电路测试

并网逆变器电路及测试系统如图 6-22 所示。

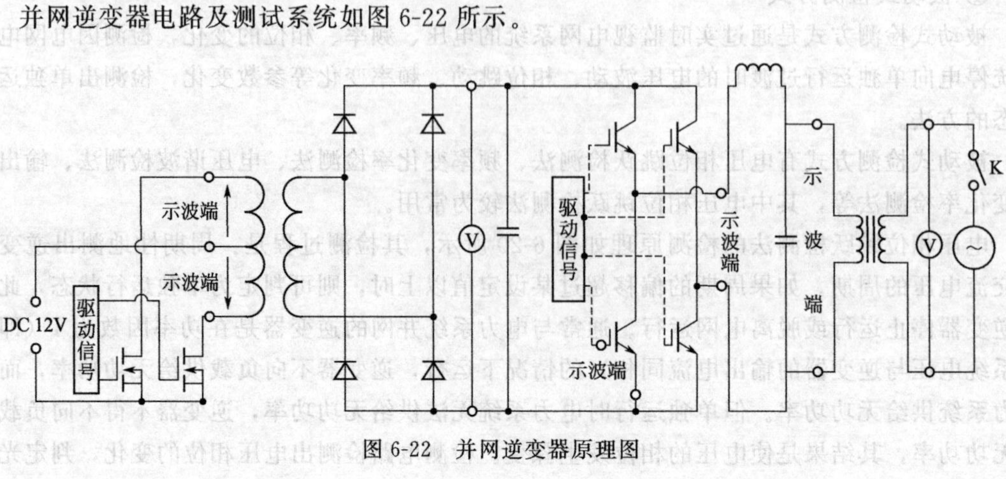

图 6-22 并网逆变器原理图

由直流稳压电源的输出电压作为逆变器的输入电压。在变压器的原边端三段输入，中间是公共端。在输入端加入了两个功率开关管 MOSFET 作为控制开关，两个开关管是分别导通的，一次产生一个交变的电压。然后经过变压器的升压，就会在变压器的副边端输出一个较高的交变电压。因为直流是不能通过变压器升压的，直流流过变压器就会烧掉变压器。这里生成的交变电压可以通过改变这两个 MOS 管的驱动信号的占空比来控制副边端的电压的大小，然后这个交变电压经过一个全波不可控的整流桥，产生一个较高压的直流。这个直流电压再经过电容滤波，滤去交流分量，得到稳定的直流电压。为安全起见，本实验将升压后的电压与升压前电压调为相同，然后经过由 4 个 MOS 管组成的逆变电路，形成交流电压。这个逆变电路采用的是 SPWM 调制（即正弦波调制），输出一个正弦波的交流电压。得到的这个交流电压是含有谐波分量的，经过 LC 滤波，滤去谐波分量后，就可以得到一个标准的正弦波交流电压。得到的这个正弦波电压再经过隔离变压器的升压，就得到了一个工频 50Hz 的市电电压，并且它的相位是与电网电压相同的，然后把变压器的输出电压加载到电网中去。

6.3 小功率逆变器制作

[任务目标]

掌握小功率光伏逆变器的制作。

[任务实施]

(1) 逆变器的电路设计

如图 6-23 电路所示，首先要确定将直流变为交流的正负次数（频率），需设置振荡电路。本装置选用一个 IC 多谐振荡器，设定每秒 200 次变换（200Hz）。振荡器的输出经晶体管放大后再与升压变压器相连。变压器容量最大为 60W，一般常用 40W。

(2) 制作仪表准备

计算机、线路板雕刻机、焊台、数字万用表、电烙铁。

(3) 元件准备

序号	名称	规格	数量
1	变压器	12V、2A×2	1个
2	晶体管	2SD867,2SD1414	各2个
3	散热器	宽 10cm 铸铝	1个
4	IC 集成电路	74LS00	1个
5	二极管	10DJ	2个
6	交流电压表		1个
7	三端稳压管	78M05	1个
8	电容	220μF	1个
9	电路板	见图	1个
10	机壳	100×155×200	1个
11	插座	单位回路 2 触点小型	1个
		单位回路 2 触点　中间为 OFF	1个
12	保险管	3A	1个

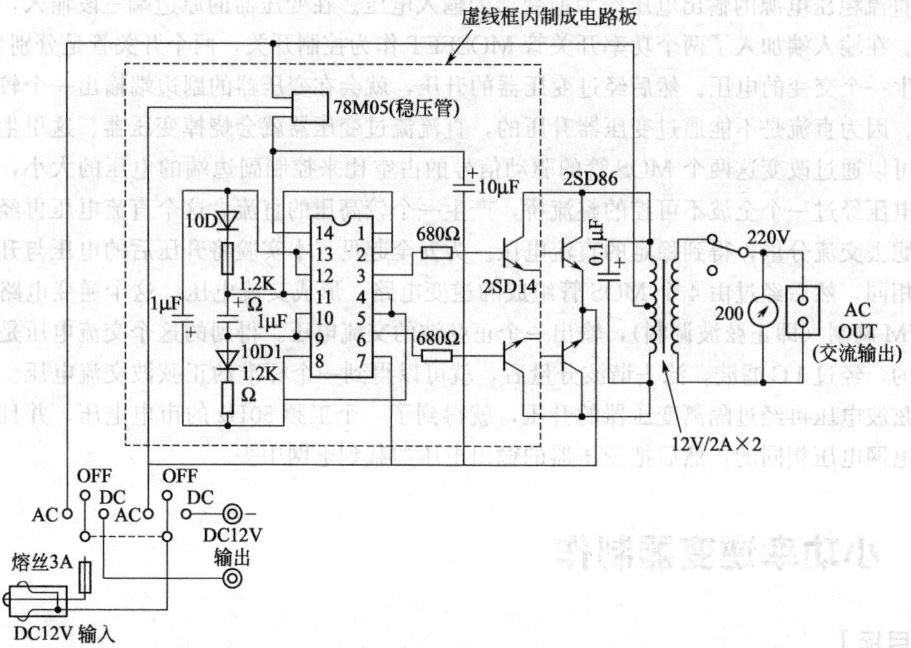

图 6-23 逆变器电路设计

(4) 制作步骤

① 用 PROTEL 软件画原理图，如图 6-24 所示。

② 用 PROTEL 将原理图转化为 PCB 图，如图 6-25 所示。

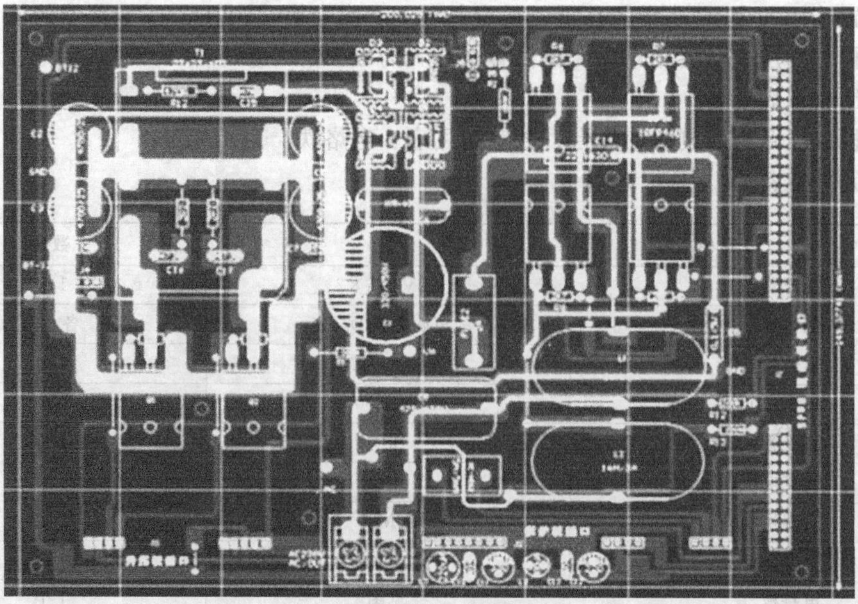

图 6-24 PROTEL 软件画原理图

③ 用线路板雕刻机制出线路板并将元件插到电路板上。

④ 焊接电路板并封装，完成后如图 6-25 所示。

(5) 注意事项

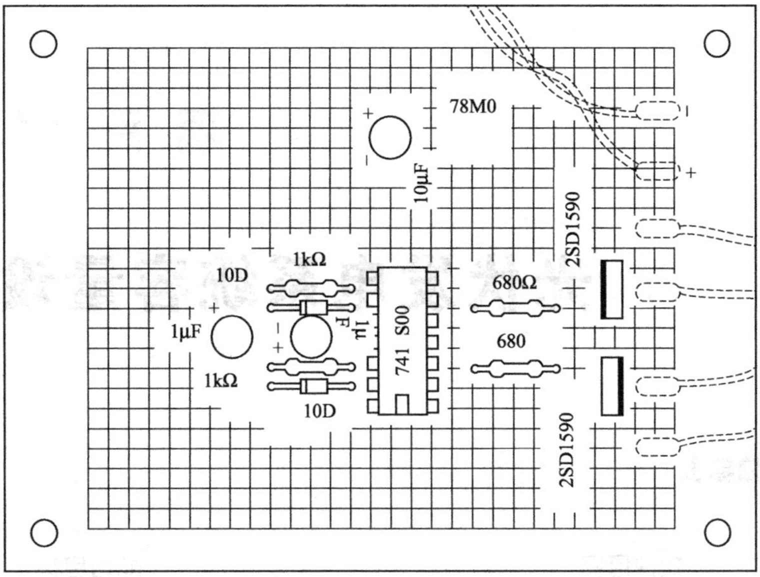

图 6-25 PCB 图

① 由于交流波形为非理想正弦，故用于阻性负荷。例如用于电灯、电热炉均无妨碍，但若用于电动机负荷，则可能出现转速不正常或噪声等现象。

② 本装置频率选用 200Hz，是为了提高逆变器的变换效率。读者制作时，亦可将多谐振荡器的频率设为 50Hz。

③ 本装置若不用蓄电池，由光伏电池直接逆变，可能由于光照度不足，振荡器不能正常工作，最好蓄电池与光伏电池联合工作，用稳定的直流进行逆变。

思考题

1. 简述离网、并网逆变器的主要特点。
2. 简述逆变器的主要技术参数。
3. 简述光伏逆变器分类及功能。
4. 简述光伏逆变器电路构成及工作原理。
5. 简述单相推挽式逆变器工作原理。
6. 什么是“孤岛效应”？单独运行检测方式有哪些？
7. 说明并网逆变器的工作过程。

项目 7

光伏发电系统容量设计

[学习目标]

知识目标	能力目标
掌握光伏发电系统容量设计步骤； 掌握光伏发电系统组件容量设计； 掌握蓄电池容量设计方法； 掌握电池组件放置方法； 掌握负载类型对发电系统设计影响	能计算、设计光伏发电系统蓄电池容量； 能计算、设计光伏组件容量； 能最佳放置光伏组件方位

[案例提示]

太阳能光伏发电系统的设计分两部分，一是光伏发电系统的容量设计，主要是对光伏电池组件和蓄电池的容量进行设计与计算，目的就是要计算出系统在全年内能够满足用电要求并可靠工作所需要的光伏电池组件和蓄电池的数量；二是光伏发电系统的系统配置与设计，主要是对系统中的电力电子设备、部件的选型配置及附属设施的设计与计算，目的是根据实际情况选择配置合适的设备、设施和材料等，与前期的容量设计相匹配。

7.1 光伏系统容量设计考虑因素

[任务目标]

掌握光伏发电系统容量设计的内容及光伏组件方位角设置。

[任务描述]

光伏发电系统的设计要本着合理性、实用性、高可靠性和商性价比（低成本）的原则，做到既能保证光伏系统的长期可靠运行，充分满足负载的用电需要，同时又能使系统的配置最合理、最经济，特别是确定使用最少的光伏电池组件功率和蓄电池的容量，协调整个系统工作的最大可靠性和系统成本之间的关系，在满足需要保证质量的前提下节省投资，达到最好的经济效益。

［任务实施］

（1）设计步骤和内容

如图 7-1 所示。在设计光伏发电系统时，应当根据负载的要求和当地太阳能资源及气象地理条件，依照能量守恒的原则，综合考虑下列各种因素和技术条件。

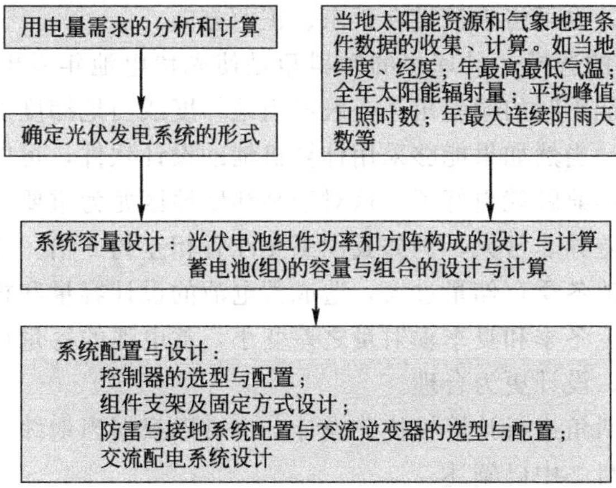

图 7-1 太阳能光伏发电系统设计内容与步骤

（2）系统用电负载的特性

在设计太阳能光伏发电系统和进行系统设备的配置、选型之前，要充分了解用电负载的特性。如负载是直流负载还是交流负载？负载的工作电压是多少？是冲击性负载还是非冲击性负载？是电阻性负载、电感性负载还是电力电子类负载等。其中电阻性负载如白炽灯泡、电子节能灯、电熨斗、电热水器等，在使用中无冲击电流。而电感性负载和电力电子类负载如日光灯、电动机、电冰箱、电视机、水泵等，启动时都有冲击电流，且冲击电流往往是其额定工作电流的 5～10 倍。因此，在容量设计和设备选型时，往往都要留下合理余量。

从全天使用时间上可分为仅白天使用的负载、仅晚上使用的负载及白天晚上连续使用的负载。对于仅在白天使用的负载，多数可以由光伏电池板直接供电，不需要考虑蓄电池的配备。另外，系统每天需要供电的时间有多长、要求系统能正常供电几个阴雨天等，都是需要在设计前了解的问题和数据。

（3）当地的太阳能辐射资源及气象地理条件

由于太阳能光伏发电系统的发电量与太阳光的辐射强度、大气层厚度（即大气质量）、地理位置、所在地的气候和气象、地形地物等因素和条件有着直接的关系和影响，因此在设计太阳能光伏发电系统时，应考虑的太阳能辐射资源及气象地理条件，如太阳辐射的方位角和倾斜角、峰值日照时数、全年辐射总量、连续阴雨天数及最低气温等。

① 光伏电池组件（方阵）的方位角与倾斜角

光伏电池组件（方阵）的方位角与倾斜角的选定是太阳能光伏系统设计时最重要的因素之一。所谓方位角一般是指东西南北方向的角度。对于太阳能光伏系统来说，方位角以正南为 0。由南向东向北为负角度，由南向西向北为正角度，如太阳在正东方时，方位角为 $-90°$，在正西方时方位角为 $90°$，方位角决定了阳光的入射方向，决定了各个方向的山坡或不同朝向建筑物的采光状况。倾斜角是地平面（水平面）与光伏电池组件之间的夹角。倾斜角为0°时表示光伏电池组件为水平设置，倾斜角为90°时表示光伏电池组件为垂直设置。

a. 光伏电池方位角的选择　在我国，光伏电池的方位角一般都选择正南方向，以使光伏电池单位容量的发电量最大。如果受光伏电池设置场所如屋顶、土坡、山地、建筑物结构及阴影等的限制，则应考虑与它们的方位角一致，以求充分利用现有地形和有效面积，并尽量避开周围建、构筑物或树木等产生的阴影。只要在正南±20°之内，都不会对发电量有太大影响，条件允许的话，应尽可能在偏西南20°之内，使太阳能发电量的峰值出现在中午稍过的某时刻，这样有利于冬季多发电。有些光伏建筑一体化发电系统设计时，当正南方向光伏电池铺设面积不够时，也可将它铺设在正东、正西方向。

b. 光伏电池倾斜角的选择　最理想的倾斜角是使光伏电池年发电量尽可能大，而冬季和夏季发电量差异尽可能小时的倾斜角。一般取当地纬度或当地纬度加上几度作为当地光伏电池组件安装的倾斜角。当然如果能够采用计算机辅助设计软件，可以进行光伏电池倾斜角的优化计算，使两者能够兼顾就更好了，这对于高纬度地区尤为重要。高纬度地区的冬季和夏季水平面太阳辐射量差异非常大，例如我国黑龙江省相差约5倍。如果按照水平面辐射量参数进行设计，则蓄电池冬季存储量过大，造成蓄电池的设计容量和投资都加大。选择了最佳倾斜角，光伏电池面上冬季和夏季辐射量之差变小，蓄电池的容量也可以减少，求得一个均衡，使系统造价降低，设计更为合理。

如果没有条件对倾斜角进行计算机优化设计，也可以根据当地纬度粗略确定光伏电池的倾斜角，此内容已在项目2中已阐述。

但不同类型的太阳能光伏发电系统，其最佳安装倾斜角是有所不同的。例如为光控太阳能路灯照明系统等季节性负载供电的光伏发电系统，工作时间随着季节而变化，其特点是以自然光线的强弱来决定负载每天工作时间的长短。冬天时白天日照时间短，太阳能辐射能量小，而夜间负载工作时间长，耗电量大，因此系统设计时要考虑照顾冬天，按冬天时能得到最大发电量的倾斜角确定，其倾斜角应该比当地纬度的角度大一些。而对于主要为光伏水泵、制冷空调等夏季负载供电的光伏系统，则应考虑夏季为负载提供最大发电量，其倾斜角应该比当地纬度的角度小一些。

表7-1提供了中国大陆各主要城市太阳能资源数据表，供设计时参考。在其他地区设计时，可参考就近城市的数据。

表7-1　主要城市太阳能资源数据表

城市	最佳倾角/(°)	维度/(°)	平均峰值日照时数/h	水平面年平均辐射量		倾斜面年辐射量	斜面修正系统 K_{OP}
				kW·h/m²	kJ/m²	kW·h/m²(平均)	
北京	+4	39.8	5.01	1547.31	5570.3	1828.55	1.0976
天津	+5	39.1	4.65	1455.54	5239.9	1695.43	1.0692
哈尔滨	+3	45.68	4.39	1287.94	4636.6	1605.80	1.1400
沈阳	+1	41.77	4.6	1398.46	5034.4	1679.31	1.0671
长春	+1	43.90	4.75	1376.05	4953.8	1736.49	1.1548
呼和浩特	+3	40.78	5.57	1680.42	6049.5	2035.38	1.1468
太原	+5	37.78	4.83	1527.02	5497.3	1763.56	1.1005
乌鲁木齐	+12	43.78	4.6	1466.49	5279.4	1682.45	1.0092
西宁	+1	36.75	5.45	1701.01	6123.6	1988.95	1.1360

续表

城市	最佳倾角/(°)	维度/(°)	平均峰值日照时数/h	水平面年平均辐射量		倾斜面年辐射量	斜面修正系统 K_{OP}
				kW·h/m²	kJ/m²	kW·h/m²（平均）	
兰州	+8	36.05	4.4	1517.39	5462.6	1606.21	0.9489
银川	+2	38.48	5.45	1678.29	6041.9	1988.74	1.1559
西安	+14	34.3	3.59	1295.85	4665.1	1313.19	0.9275
上海	+3	31.17	3.8	1293.72	4657.4	1388.12	0.9900
南京	+5	32.00	3.94	1328.09	4781.2	1440.43	1.0249
合肥	+9	31.85	3.69	1269.9	4571.6	1348.37	0.9988
杭州	+3	30.23	3.43	1183.01	4258.8	1254.38	0.9362
南昌	+2	28.67	3.8	1327.59	4779.3	1390.45	0.8640
福州	+4	26.08	3.45	1216.77	4380.4	1262.39	0.8978
济南	+6	36.68	4.44	1423.81	5215.7	1621.62	1.0630
郑州	+7	34.72	4.04	1351.72	4866.2	1476.02	1.0476
武汉	+7	30.63	3.8	1338.43	4818.4	1389.74	0.9036
长沙	+6	28.20	3.21	1153.51	4152.6	1175.00	0.8028
广州	−7	23.13	3.52	1227.82	4420.2	1287.84	0.8850
海口	+12	20.03	3.84	1402.72	5049.8	1369.76	0.8761
南宁	+5	22.82	3.53	1268.88	4568	1291.09	0.8231
成都	+2	30.67	2.88	1053.63	3793.1	1044.71	0.7553
贵阳	+8	26.58	2.86	1047.05	3769.4	1037.72	0.8135
昆明	−8	25.02	4.25	1439.12	5180.8	1554.60	0.9216
拉萨	−8	29.70	6.71	2159.68	7774.9	2448.64	1.0964

② 平均日照时数和峰值日照时数

日照时间是指太阳光在一天当中从日出到日落实际的照射时间。日照时数是指在某个地点，一天当中太阳光达到一定的辐照度（一般以气象台测定的 120W/m² 为标准）时一直到小于此辐照度所经过的时间。日照时数小于日照时间。

平均日照时数是指某地的一年或若干年的日照时数总和的平均值。例如，某地 1985 年到 1995 年实际测量的年平均日照时数是 2053.6h，日平均日照时数就是 5.63h。

峰值日照时数是将当地的太阳辐射量，折算成标准测试条件（辐照度 1000W/m²）下的时数。例如，某地某天的日照时间是 8.5h，但不可能在这 8.5h 中太阳的辐照度都是 1000W/m²，而是从弱到强再从强到弱变化的，若测得这天累计的太阳辐射量是 3600W·h/m²，则这天的峰值日照时数就是 3.6h。因此，在计算太阳能光伏发电系统的发电量时一般都采用平均峰值日照时数作为参考值。表 7-2 是年水平总辐射量与日平均峰值日照时数间的对应关系表。

表 7-2 年水平总辐射量与日平均峰值日照时数的对应关系表

月份	1月	2月	3月	4月	5月	6月	7月	8月	9月	10月	11月	12月
辐射量/[MJ/(m² · d)]	8.14	8.75	9.11	12.17	14.90	14.72	18.90	16.99	14.62	12.85	10.76	10.08
峰值日照时数/(h/d)	2.26	2.43	2.53	3.38	4.14	4.089	5.25	4.72	4.06	3.57	2.99	2.8

③ 全年太阳能辐射总量

在设计太阳能光伏发电系统容量时，当地全年太阳能辐射总量也是一个重要的参考数据。应通过气象部门了解当地近几年甚至 8～10 年的太阳能辐射总量的年平均值。通常气象部门提供的是水平面上的太阳辐射量，而光伏电池一般都是倾斜安装，因此还需要将水平面上的太阳能辐射量换算成倾斜面上的辐射量。

④ 最长连续阴雨天数

所谓最长连续阴雨天数就是需要蓄电池向负载维持供电的天数，从发电系统本身的角度说，也叫“系统自给天数”。也就是说如果有几天连续阴雨天，光伏电池方阵就几乎不能发电，只能靠蓄电池来供电，而蓄电池深度放电后又需尽快地将其补充好。连续阴雨天数可参考当地年平均连续阴雨天数的数据。对于不太重要的负载如太阳能路灯等，也可根据经验或需要在 3～7 天内选取。在考虑连续阴雨天因素时，还要考虑两段连续阴雨天之间的间隔天数，以防第一个连续阴雨天到来使蓄电池放电后，还没有来得及补充，就又来了第二个连续阴雨天，使系统在第二个连续阴雨天内根本无法正常供电。因此，在连续阴雨天比较多的南方地区，设计时要把光伏电池和蓄电池的容量都考虑得稍微大一些。

(4) 发电系统的类型、安装场所和方式

发电系统的类型就是指所设计的发电系统是独立发电系统还是并网发电系统，或者是太阳能发电与市电互补系统。发电系统的安装主要是指光伏电池组件或光伏电池方阵的安装，其安装场所和方式可分为杆柱安装、地面安装、屋顶安装、山坡安装、建筑物墙壁安装及建材一体化安装等。

① 杆柱安装

杆柱安装是指将太阳能光伏系统安装在由金属、混凝土以及木制的杆、柱子、塔上等，如太阳能路灯、高速公路监控摄像等，如图 7-2 所示。

图 7-2 杆柱安装式

② 地面安装

地面安装就是在地面打好基础，然后在基础上安装倾斜支架，光伏电池组件固定到支架上，有时也可利用山坡等的斜面直接作基础和支架安装电池组件，如图 7-3 所示。

图 7-3　地面安装式

③ 屋顶安装

屋顶安装大致分为两种：一种是以屋顶为支撑物，在屋顶上通过支架或专用构件将电池组件固定组成方阵，组件与屋顶间留有一定间隙用于通风散热；另一种是将电池组件直接与屋顶结合形成整体，也叫光伏方阵与屋顶的集成，如光电瓦、光电采光顶等，如图 7-4 所示。

图 7-4　屋顶安装

④ 墙壁安装

与屋顶安装一样，墙壁安装也大致分为两种：第一种是以墙壁为支撑物，在墙壁上通过支架或专用构件将电池组件固定组成方阵，也就是把光伏组件方阵外挂到建筑物不采光部分的墙壁上；另一种是将光伏组件做成光伏幕墙玻璃和光伏采光玻璃窗等光伏建材一体化材料，作为建筑物外墙和采光窗户材料，直接应用到建筑物墙壁上，形成光伏组件与建筑物墙壁的集成，如图 7-5 所示。

图 7-5　墙壁安装方式

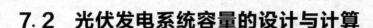

7.2 光伏发电系统容量的设计与计算

7.2.1 光伏发电系统组件容量设计

[任务目标]

掌握蓄电池、光伏组件等系统容量设计。

[任务描述]

光伏发电系统容量的设计与计算的主要内容之一，就是光伏电池组件功率和方阵构成的设计与计算。对于一个一定负载需求的光伏发电系统，计算需要配置多少大容量的光伏组件。

[任务实施]

(1) 设计的基本思路

光伏电池组件的设计原则是要满足平均天气条件（太阳辐射量）下负载每日用电量的需求，也就是说光伏电池组件的全年发电量要等于负载全年用电量。因为天气条件有低于和高于平均值的情况，所以，设计光伏电池组件要满足光照最差、太阳能辐射量最小季节的需要。如果只按平均值去设计，势必造成全年1/3多时间的光照最差季节蓄电池的连续亏电。蓄电池长时间处于亏电状态，将造成蓄电池的极板硫酸盐化，蓄电池的使用寿命和性能将受到很大影响，整个系统的后续运行费用也将大幅度增加。设计时也不能考虑为了给蓄电池尽可能快地充满电而将光伏电池组件设计得过大，这样在一年中的绝大部分时间里光伏电池的发电量会远远大于负载的用电量，造成光伏电池组件的浪费和系统整体成本的过高。因此，光伏电池组件设计的最好办法就是使光伏电池组件能基本满足光照最差季节的需要，就是在光照最差的季节蓄电池也能够基本上天天充满电。

在有些地区，最差季节的光照度远远低于全年平均值，如果还按最差情况设计光伏电池组件的功率，那么在一年中的其他时候发电量就会远远超过实际所需，造成浪费。这时只能考虑适当加大蓄电池的设计容量，增加电能储存，使蓄电池处于浅放电状态，弥补光照最差季节发电量的不足对蓄电池造成的伤害。有条件的地方还可以考虑采取风力发电与太阳能发电互相补充（简称风光互补）及市电互补等措施，达到系统整体综合成本效益的最佳。

(2) 光伏电池组件及方阵的设计方法

光伏电池组件的设计就是满足负载年平均每日用电量的需求，所以，设计和计算光伏电池组件大小的基本方法就是用负载平均每天所需要的用电量（单位：安时或瓦时）作为基本数据，以当地太阳能辐射资源参数如峰值日照时数、年辐射总量等数据为参照，并结合一些相关因素数据或系数综合计算而得出的。

在设计和计算光伏电池组件或组件方阵时，一般有两种方法。一种方法是根据上述各种数据直接计算出光伏电池组件或方阵的功率，根据计算结果选配或定制相应功率的电池组件，进而得到电池组件的外形尺寸和安装尺寸等。这种方法一般适用于中、小型光伏发电系统的设计。另一种方法是先选定尺寸符合要求的电池组件，根据该组件峰值功率、峰值工作电流和日发电量等数据，结合上述数据进行设计计算，在计算中确定电池组件的串、并联数及总功率。这种方法适用于中、大型光伏发电系统的设计。下面就以第二种方法为例介绍常用的光伏电池组件的设计计算公式和方法，其他计算公式和方法将在下一节中分别介绍。

① 基本计算方法

计算光伏电池组件的基本方法是用负载平均每天所消耗的电量（A·h）除以选定的电池组件在一天中的平均发电量（A·h），就算出了整个系统需要并联的光伏电池组件数。这些组件的并联输出电流就是系统负载所需要的电流。具体公式为：

$$电池组件并联数=\frac{负载日平均用电量(A\cdot h)}{组件日平均发电量(A\cdot h)}$$

其中，组件日平均发电量=组件峰值工作电流（A）×峰值日照时数（h）。再将系统的工作电压除以光伏电池组件的峰值工作电压，就可以算出光伏电池组件的串联数量。这些电池组件串联后，就可以产生系统负载所需要的工作电压或蓄电池组的充电电压。具体公式为：

$$电池组件串联数=\frac{系统工作电压(V)\times 系数1.43}{组件峰值工作电压}$$

系数1.43是光伏电池组件峰值工作电压与系统工作电压的比值。例如，为工作电压12V的系统供电或充电的光伏电池组件的峰值电压是17～17.5V；为工作电压24V的系统供电或充电的峰值电压为34～34.5V等。因此为方便计算，用系统工作电压乘以1.43就是该组件或整个方阵的峰值电压近似值。例如，假设某光伏发电系统工作电压为48V，选择了峰值工作电压为17.0V的电池组件，则：

$$电池组件串联数=\frac{48(V)\times 1.43}{17V}=4.03\approx 4(块)$$

有了电池组件的并联数和串联数后，就可以很方便地计算出这个电池组件或方阵的总功率了。计算公式是：

$$电池组件总功率(W)=组件并联数\times 组件串联数\times 选定组件的峰值输出功率(W)$$

② 相关因素的考虑

上面的计算公式完全是理想状态下的书面计算，根据上述计算公式计算出的电池组件容量，在实际应用当中是不能满足光伏发电系统的用电需求的。为了得到更准确的数据，就要把一些相关因素和数据考虑进来并纳入到计算中。与光伏电池组件发电量相关的主要因素有两点。

a. 光伏电池组件的功率衰降。在光伏发电系统的实际应用中，光伏电池组件的输出功率（发电量）会因为各种内外因素的影响而衰减或降低。例如，灰尘的覆盖、组件自身功率的衰降、线路的损耗等各种不可量化的因素。在交流系统中还要考虑交流逆变器的转换效率因素。因此，设计时要将造成电池组件功率衰降的各种因素按10%的损耗计算。如果是交流光伏发电系统，还要考虑交流逆变器转换效率的损失也按10%计算。这些实际上都是光伏发电系统设计时需要考虑的安全系数，设计时为电池组件留有合理余量，是系统年复一年长期正常运行的保证。

b. 蓄电池的充放电损耗。在蓄电池的充放电过程中，光伏电池产生的电流在转化储存的过程中会因为发热、电解水蒸发等产生一定的损耗，也就是说蓄电池的充电效率根据蓄电池的不同一般只有90%～95%。因此在设计时也要根据蓄电池的不同，将电池组件的功率增加5%～10%，以抵消蓄电池充放电过程中的耗散损失。

③ 实用的计算公式

上面的公式只是一个理论的计算，在考虑到各种因素的影响后，将相关系数纳入到上述公式中，才是一个设计和计算光伏电池组件的完整公式。

将负载日平均用电量除以蓄电池的充电效率，就增加了每天的负载用电量，实际上给出了电池组件需要负担的真正负载；将电池组件的损耗系数乘以组件的日平均发电量，这样就考虑了环境因素和组件自身衰降造成的组件发电量的减少，有了一个符合实际应用情况下的光伏电池发电量的保守估算值。综合考虑以上因素，得出计算公式如下：

$$\text{电池组件并联数}=\frac{\text{负载日平均用电量（A·h）}}{\text{组件日平均发电量（A·h）×充电效率系数×组件损耗系数×逆变器效率系数}}$$

$$\text{电池组件串联数}=\frac{\text{系统工作电压（V）×系数 1.43}}{\text{组件峰值工作电压（V）}}$$

在进行光伏电池组件的设计与计算时，还要考虑季节变化对系统发电量的影响。因为在设计和计算得出组件容量时，一般都是以当地太阳能辐射资源的参数如峰值日照时数、年辐射总量等数据为参照数据，这些数据都是全年平均数据，参照这些数据计算出的结果，在春、夏、秋季一般都没有问题，冬季可能就会有点欠缺。因此在有条件时或设计比较重要的光伏发电系统时，最好以当地全年每个月的太阳能辐射资源参数分别计算各个月的发电量，其中的最大值就是一年中所需要的电池组件的数量。例如，某地计算出冬季需要的光伏组件数量是 8 块，但在夏季可能有 5 块就够了，为了保证该系统全年的正常运行，只好按照冬季的数量确定系统的容量。

计算举例 某地建设一个移动通信基站的太阳能光伏供电系统。该系统采用直流负载，负载工作电压 48V，用电量为每天 150A·h，该地区最低的光照辐射是 1 月份，其倾斜面峰值日照时数是 3.5h。选定 125W 光伏电池组件，其主要参数：峰值功率 125W，峰值工作电压 34.2V，峰值工作电流 3.65A。计算光伏电池组件使用数量及光伏电池方阵的组合设计。

根据上述条件，并确定组件的损耗系数为 0.9，充电效率系数也为 0.9。因该系统是直流系统，所以不考虑逆变器的转换效率系数：

$$\text{电池组件并联数}=\frac{150\text{A}\cdot\text{h}}{(3.65\text{A}\times3.5\text{h})\times0.9\times0.9}=14.49$$

$$\text{电池组件串联数}=\frac{48\text{V}\times1.43}{34.2}=2$$

根据以上计算数据，采用就高不就低的原则，确定电池组件并联数是 15 块，串联数是 2 块。也就是说，每 2 块电池组件串联连接，15 串电池组件再并联连接，共需要 125W 电池组件 30 块构成电池方阵，连接示意图如图 7-6 所示。该电池方阵总功率＝15×2×125W＝3750W。

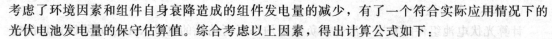

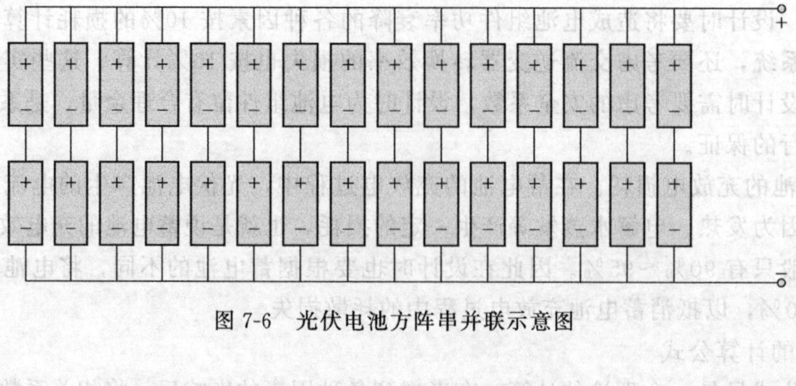

图 7-6 光伏电池方阵串并联示意图

思考题

已知一用电负载情况如表 7-3 所示。该系统采用直流负载，负载工作电压 48V，用电量为每天 150A·h，该地区最低的光照辐射是 1 月份，其倾斜面峰值日照时数是

4.0h，选定125W光伏电池组件，其主要参数：峰值功率125W、峰值工作电压34.2V、峰值工作电流3.65A，计算光伏电池组件使用数量及光伏电池方阵的组合设计。

表7-3 负载分析表

序号	负载名称	AC/DC	负载功率/W	负载数量	合计功率/W	每日工作时间/h	每日耗电量/W·h
1	日常照明	DC	30	4	120	3	360
2	通信设备	DC	50	1	50	8	400

7.2.2 蓄电池和蓄电池组容量设计

[任务目标]

掌握蓄电池容量设计方法。

[任务描述]

蓄电池的任务是在太阳能辐射量不足时，保证系统负载的正常用电。要能在几天内保证系统的正常工作，就需要在设计时引入一个气象条件参数：连续阴雨天数。这个参数在前面已经进行了介绍，一般计算时都是以当地最大连续阴雨天数为设计参数，但也要综合考虑负载对电源的要求。对于一般的负载如太阳能路灯等，可根据经验或需要在3～7天内选取。对于重要的负载如通信、导航、医院救治等，则在7～15天内选取。另外，还要考虑光伏发电系统的安装地点，如果在偏远的地方，蓄电池容量要设计得较大，因为维护人员到达现场就需要很长时间。实际应用中，有的移动通信基站由于山高路远，去一次很不方便，除了配置正常蓄电池组外，还要配备一组备用蓄电池组，以备不时之需。这种发电系统把可靠性放在了第一位，已经不能单纯考虑经济性了。

[任务实施]

蓄电池的设计主要包括蓄电池容量的设计计算和蓄电池组串并联组合的设计。在光伏发电系统中，大部分使用的都是铅酸蓄电池，主要是考虑到技术成熟和成本等因素，因此下面介绍的设计和计算方法也主要以铅酸蓄电池为主。

(1) 基本的计算方法

先将负载每天需要的用电量乘以根据当地气象资料或实际情况确定的连续阴雨天数，就可以得到初步的蓄电池容量。然后将得到的蓄电池容量数除以蓄电池容许的最大放电深度系数。由于铅酸蓄电池的特性，在确定的连续阴雨天内绝对不能100%放电而把电用光，否则蓄电池会在很短的时间内寿终正寝，大大缩短使用寿命，因此需要除以最大放电深度系数，得到所需要的蓄电池容量。最大放电深度的选择，需要参考蓄电池生产厂家提供的性能参数资料。一般情况下，浅循环型蓄电池选用50%的放电深度，深循环型蓄电池选用75%的放电深度。计算蓄电池容量的基本公式为：

$$\text{蓄电池容量}=\frac{\text{负载日平均用电量(A·h)}\times\text{连续阴雨天数}}{\text{最大放电深度}}$$

(2) 相关因素的考虑

上面的计算公式只是对蓄电池容量的基本估算方法，在实际应用中还有一些性能参数会对蓄电池的容量和使用寿命产生影响，其中主要的两个因素是蓄电池的放电率和使用环境温度。

① 放电率对蓄电池容量的影响

所谓放电率也就是放电时间和放电电流与蓄电池容量的比率，一般分为 20 小时率(20h)、10 小时率（10h)、5 小时率（5h)、3 小时率（3h)、1 小时率（1h)、0.5 小时率(0.5h) 等。

大电流放电时，放电时间短，蓄电池容量会比标称容量缩水；小电流放电，放电时间长，实际放电容量会比标称容量增加。比如，容量 100A・h 的蓄电池用 2A 的电流放电能放 50h，但要用 50A 的电流放电就肯定放不了 2h，实际容量就不够 100A・h 了。蓄电池的容量随着放电率的改变而改变，这样就会对容量设计产生影响。当系统负载放电电流大时，蓄电池的实际容量会比设计容量小，造成系统供电量不足；而系统负载工作电流小时，蓄电池的实际容量会比设计容量大，会造成系统成本的无谓增加。特别是在光伏发电系统中应用的蓄电池，放电率一般都较慢，差不多都在 50 小时率以上，而生产厂家提供的蓄电池标称容量是 10h 放电率下的容量。因此在设计时要考虑到光伏系统中蓄电池放电率对容量的影响因素，并计算光伏系统的实际平均放电率，根据生产厂家提供的该型号蓄电池在不同放电速率下的容量，就可以对蓄电池的容量进行校对和修正。当手头没有详细的容量-放电速率资料时，也可对慢放电率 50～200h（小时率）光伏系统蓄电池的容量进行估算，一般相对应的比蓄电池的标准容量提高 5%～20%，相应的放电率修正系数为 0.95～0.8。光伏系统的平均放电率计算公式为：

$$\text{平均放电率(h)}=\frac{\text{负载工作时间}\times\text{连续阴雨天数}}{\text{最大放电深度}}$$

对于有多路不同负载的光伏系统，负载工作时间需要用加权平均法进行计算。加权平均负载工作时间的计算方法为：

$$\text{负载工作时间}=\frac{\sum\text{负载功率}\times\text{负载工作时间}}{\sum\text{负载功率}}$$

据上面两个公式就可以计算出光伏系统的实际平均放电率，根据蓄电池生产厂商提供的该型号蓄电池在不同放电速率下的蓄电池容量，就可以对蓄电池的容量进行修正。

② 环境温度对蓄电池容量的影响

蓄电池的容量会随着蓄电池温度的变化而变化。当蓄电池的温度下降时，蓄电池的容量会下降，温度低于零度以下时，蓄电池容量会急剧下降。温度升高时，蓄电池容量略有升高。蓄电池温度与放电容量关系曲线如图 7-7 所示。蓄电池的标称容量一般都是在环境温度 25℃时标定的，随着温度的降低，0℃时的容量大约下降到标称容量的 95%～90%，－10℃

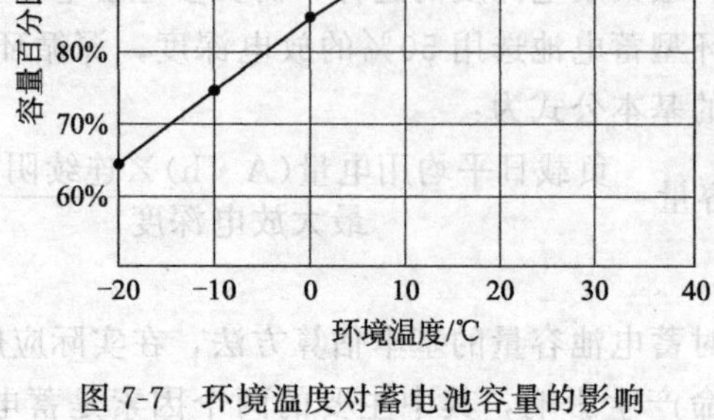

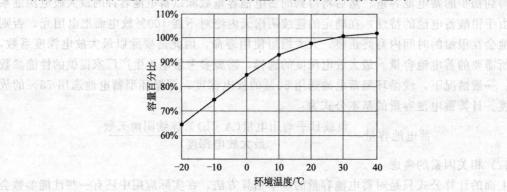

图 7-7 环境温度对蓄电池容量的影响

时大约下降到标称容量的90%～80%，－20℃时大约下降到标称容量的80%～70%，所以必须考虑蓄电池的使用环境温度对其容量的影响。当最低气温过低时，还要对蓄电池采取相应的保温措施，如地埋、移入房间，或者改用价格更高的胶体铅酸蓄电池等。

当光伏系统安装地点的最低气温很低时，设计时需要的蓄电池容量就要比正常温度范围的容量大，这样才能保证光伏系统在最低气温时也能提供所需的能量。因此，在设计时可参考蓄电池生产厂家提供的蓄电池温度-容量修正曲线图，从该图上可以查到对应温度蓄电池容量的修正系数，将此修正系数纳入计算公式，就可对蓄电池容量的初步计算结果进行修正。如果没有相应的蓄电池温度-容量修正曲线图，也可根据经验确定温度修正系数：一般0℃时修正系数可在0.95～0.9之间选取；－10℃时在0.9～0.8之间选取；－20℃时在0.8～0.7之间选取。另外，过低的环境气温还会对最大放电深度产生影响，具体原理项目4中已经详细叙述。当环境气温在－10℃以下时，浅循环型蓄电池的最大放电深度可由常温时的50%调整为35%～40%，深循环型蓄电池的最大放电深度可由常温时的75%调整到60%，这样既可以提高蓄电池的使用寿命，减少蓄电池系统的维护费用，同时系统成本也不会太高。

(3) 实用的蓄电池容量计算公式

上面介绍的计算公式只是一个理论的计算，在考虑到各种因素的影响后，将相关系数纳入到上述公式中，才是一个设计和计算蓄电池容量的实用完整公式。即：

$$蓄电池容量=\frac{负载日平均用电量(A\cdot h)\times连续阴雨天数\times放电率修正系数}{最大放电深度\times低温修正系数}$$

确定了所需的蓄电池容量后，就要进行蓄电池组的串并联设计。下面介绍蓄电池组串并联组合的计算方法。

蓄电池都有标称电压和标称容量，如2V、6V、12V和50A·h、300A·h、1200A·h等。为了达到系统的工作电压，就需要把蓄电池串联起来给系统和负载供电，需要串联的蓄电池个数就是系统的工作电压除以所选蓄电池的标称电压。需要并联的蓄电池数就是蓄电池组的总容量除以所选定蓄电池单体的标称容量。蓄电池单体的标称容量可以有多种选择，例如，假如计算出来的蓄电池容量为600A·h，那么可以选择1个600A·h的单体蓄电池，也可以选择2个300A·h的蓄电池并联，还可以选择3个200A·h或6个100A·h的蓄电池并联。从理论上讲，这些选择都没有问题，但是在实际应用当中，要尽量选择大容量的蓄电池以减少并联的数目。这样做的目的是尽量减少蓄电池之间的不平衡所造成的影响。并联的组数越多，发生蓄电池不平衡的可能性就越大。一般要求并联的蓄电池数量不得超过4组。蓄电池串、并联数的计算公式为：

$$蓄电池串联数=\frac{系统工作电压}{蓄电池标称电压}$$

$$蓄电池并联数=\frac{蓄电池总容量}{蓄电池标称容量}$$

计算举例 某地建设一个移动通信基站的太阳能光伏供电系统，该系统采用直流负载，负载工作电压48V。该系统有两套设备负载，一套设备工作电流为1.5A，每天工作24h；另一套设备工作电流4.5A，每天工作12h。该地区的最低气温是－20℃，最大连续阴雨天数为6天。选用深循环型蓄电池，计算蓄电池组的容量和串并联数量及连接方式。

根据上述条件，并确定最大放电深度系数为0.6，低温修正系数为0.7。

为求得放电率修正系数，先计算该系统的平均放电率：

$$加权平均负载工作时间=\frac{(1.5A\times24h)+(4.5A\times12h)}{1.5A+4.5A}=15h$$

$$平均放电率=6\times\frac{15}{0.6}=150\ 小时率$$

150小时率属于慢放电率，在此可以根据蓄电池生产厂商提供的资料查出该型号蓄电池在150h放电率下的蓄电池容量进行修正。也可以按照经验进行估算，150h放电率下的蓄电池容量会比标称容量增加15%左右，在此确定放电率修正系数为0.85。带入公式计算：

$$负载日平均用电量=(1.5A\times24h)+(4.5A\times12h)=90A\cdot h$$

$$蓄电池容量=\frac{90A\cdot h\times6\times0.85}{0.6\times0.7}=1092.86A\cdot h$$

根据计算结果和蓄电池手册参数资料，可选择2V/600A·h蓄电池或2V/1200A·h蓄电池，这里选择2V/600A·h型。

$$蓄电池串联数=48V/2V=24$$

$$蓄电池并联数=1092.86A\cdot h/600A\cdot h=1.82=2$$

$$蓄电池组总块数=24\times2=48$$

根据以上计算结果，共需要2V/600A·h蓄电池48块构成蓄电池组，其中每24块串联后，2串并联，如图7-8所示。

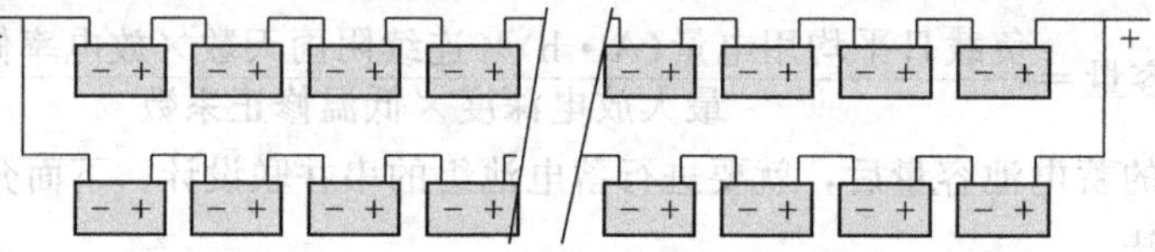

图7-8 光伏电池方阵串并联示意图

和本例一样，目前很多光伏发电系统都采用两组蓄电池并联模式，目的是万一有一组蓄电池有故障不能正常工作，就可以将该组蓄电池断开进行维修，而另一组蓄电池还能维持系统正常工作一段时间。总之，蓄电池组的并联设计需要根据不同的实际情况进行选择。

思考题

已知一用电负载情况如表7-4所示。选定125W光伏电池组件，其主要参数为：峰值功率125W，峰值工作电压34.2V，峰值工作电流3.65A，请选择合适容量的蓄电池组。

表7-4 负载分析表

序号	负载名称	AC/DC	负载功率/W	负载数量	每日工作时间/h	每日耗电/W·h
1	日常照明	DC	30	4	3	360
2	通信设备	DC	50	1	8	400

7.2.3 以太阳辐射量为参数的其他设计方法

[任务目标]

掌握太阳辐射量为参数的组件及蓄电池容量计算。

[任务描述]

在实际工程中，可以以峰值日照时数、年辐射总量、斜面修正系数及多路负载为依据进行计算。

[任务实施]

(1) 以峰值日照时数为依据的简易计算方法

这是一个常用的简单计算公式，常用于小型独立太阳能光伏发电系统的快速设计与计算，也可以用于对其他计算方法的验算。其主要参照的太阳能辐射参数是当地峰值日照时数：

$$\text{太阳能电池组件功率}\ P=\frac{\text{用电器功率}\times\text{用电时间}}{\text{当地峰值日照时数}}\times\text{损耗系数}$$

$$\text{蓄电池容量}\ C(\mathrm{A\cdot h})=\frac{\text{用电器功率}\times\text{用电时间}}{\text{系统电压}}\times\text{连续阴雨天数}\times\text{系统安全系数}$$

在上述公式中，光伏电池组件功率、用电器功率的单位都是 W（瓦）；用电时间和当地峰值日照时数的单位都是 h（小时）；蓄电池容量单位为 A·h（安时）；系统电压是指蓄电池或蓄电池组的工作电压，单位是 V（伏）。

损耗系数主要有线路损耗、控制器接入损耗、光伏电池组件玻璃表面脏污及安装倾角不能兼顾冬季和夏季等因素，可根据需要在 1.6～2 之间选取。

系统安全系数主要是为蓄电池放电深度（剩余电量）、冬天时蓄电池放电容量减小、逆变器转换效率等因素所加的系数，计算时可根据需要在 1.6～2 之间选取。

设计实例 1 某地安装一套太阳能庭院灯，使用两只 9W/12V 节能灯作光源，每日工作 4h，要求能连续工作 3 个阴雨天。已知当地的峰值日照时数是 4.46h，求光伏电池总功率和蓄电池容量。

计算：

$$\text{光伏电池组件功率}\ P=\frac{18\mathrm{W}\times 4\mathrm{h}}{4.46\mathrm{h}}\times 2=32.28\mathrm{W}$$

因为当地环境污染比较严重，损耗系数选 2，考虑选用一块 35W 的电池组件。

$$\text{蓄电池容量}\ C=\frac{18\mathrm{W}\times 4\mathrm{h}}{12\mathrm{V}}\times 3\times 2=36\mathrm{A\cdot h}$$

本实例是直流供电系统，虽然没有交流逆变过程的损耗，但因为当地在冬季时最低温度可低至−10℃左右，冬季时会造成蓄电池容量减小，再加上当地环境污染的因素，系统安全系数也取了最高值 2，考虑选用一只 38A·h/12V 蓄电池。

(2) 以年辐射总量为依据的计算方法

这是一个以太阳能年辐射总量为依据的计算公式，与上一个公式异曲同工：

$$P=\frac{K(\text{用电器工作电压}\times\text{用电器工作电流}\times\text{用电时间})}{\text{当地年总辐射量}}$$

$$\text{蓄电池容量}\ C(\mathrm{A\cdot h})=\text{放电容量系数和安全系数}\times\text{用电工作电流}\times\text{用电时间}\times\text{连续阴雨天数}\times\text{低温系数}$$

式中，光伏电池组件功率的单位是瓦（W）；用电器工作电压单位是伏（V）；用电器工作电流单位是安培（A）；用电时间单位是小时（h）；蓄电池容量单位为安时（A·h）；年辐射总量单位是千焦/平方厘米（$\mathrm{kJ/cm^2}$）。公式中 K 为辐射量修正数，单位是千焦/平方厘米·小时（$\mathrm{kJ/cm^2\cdot h}$），对于不同的运行情况，K 可以适当调整，当光伏发电系统处于有人维护和一般使用状态时，K 取 230；当系统处于无人维护且要求可靠时，K 取 251；当系统处于无法维护、环境恶劣、要求非常可靠时，K 取 276。蓄电池放电容量修正系数和安全系数，采用碱性蓄电池取 1.5，采用铅酸蓄电池时取 1.8。低温系数是指若蓄电池放置地点的最低温度可达到－10℃时，温度系数取 1.1，可达到－20℃时取 1.2。

为对比两种计算公式的区别，还用上个设计实例的条件计算。

设计实例 2 某地安装一套太阳能庭院灯，使用两只 9W/12V 节能灯作光源，每日工作 4h，要求能连续工作 3 个阴雨天。已知当地的全年辐射总量是 580kJ/cm²，求光伏电池总功率和蓄电池容量。

计算：先计算用电器工作电流＝18W/12V＝1.5A

带入公式求光伏电池组件功率 P：

$$P=\frac{18\text{W}\times 4\text{h}}{580}\times 276=34.26\text{W}$$

因为当地环境污染比较严重，辐射量修正数选 276，故考虑选用一块 35W 的光伏电池组件。

$$\text{蓄电池容量}\ C(\text{A}\cdot\text{h})=1.8\times 1.5\text{A}\times 4\text{h}\times 3\times 1.1=35.64\text{A}\cdot\text{h}$$

因为当地在冬季时最低温度可达到－10℃左右，所以又乘了 1.1 低温系数，考虑选用一只 38A·h/12V 铅酸蓄电池。

设计实例 3 某移动通信基站设备负载功率 125W，工作电压 48V，工作电流 2.6A，24h 全天候工作，该地区年辐射总量 640kJ/cm²，蓄电池放置地点温度－20℃，最长连续阴雨天数 7 天。该基站无人值守维护，环境条件恶劣，要求不间断供电。

计算：求光伏电池组件功率 P

$$P=\frac{48\times 2.6\text{A}\times 24\text{h}}{640}\times 276\approx 1292\text{W}$$

选用 130W/24V 电池组件 10 块，2 串 5 并共 1300W 构成电池方阵。

求蓄电池容量 C：

$$\text{蓄电池容量}\ C(\text{A}\cdot\text{h})=1.8\times 2.6\text{A}\times 24\text{h}\times 7\times 1.2=943\text{A}\cdot\text{h}$$

选用一 2V、1000A·h 铅酸蓄电池 24 块串联构成蓄电池组。

(3) 以年辐射总量和斜面修正系数为依据的计算方法

这也是一个常用的简单计算公式，常用于独立太阳能光伏发电系统的快速设计与计算，也可以用于对其他计算方法的验算。其主要参照的太阳能辐射参数是当地年辐射总量和斜面修正系数。

首先根据各用电器的额定功率和每日平均工作的小时数，计算出总用电量：

负载总用电量（W·h）＝∑用电器功率×日平均工作时间

$$P=\frac{\text{系数(5618)}\times\text{安全系数}\times\text{负载用电系数}}{\text{斜面修正系数}\times\text{水平面平均辐射量}}$$

为方便计算，系数 5618 是将充放电效率系数、电池组件衰降系数等因素，经过单位换算及简化处理后得出的系数。安全系数是根据使用环境、有无备用电源、是否有人值守等因素确定，一般在 1.1～1.3 之间选取。水平面年平均辐射量的单位是 kJ/（m²·d）。

光伏电池方阵组件串并联数的计算与其他计算方法相同，在此就不重复叙述了。下面介绍蓄电池容量的计算方法。

蓄电池容量的计算与当地连续阴雨天数关系很大，一般遇到的连续阴雨天为 3～5 天，恶劣的可能达到 7 天以上。这期间的平均日照量只能达到正常日照天气的 15%左右，即缺少 85%的日照量所能储存的电能。照此计算，无日照系数为 7 天×85%=5.95 天，也就是说实实在在的阴雨天数也有 6 天。在其他公式里，一般都是按照当地最大连续阴雨天数计算蓄电池容量，对系统的正常运行考虑得多，对蓄电池的运行寿命考虑得少。如果考虑延长蓄电池的使用寿命，那么按实际连续阴雨天数来设计蓄电池容量就有问题。因为蓄电池的放电深度越浅，其寿命越长，根据蓄电池放电深度与寿命的关系曲线可以看出，放电深度 100%与 30%的蓄电池寿命将相差 6 倍。蓄电池容量大，则放电深度浅，寿命将延长。假设以 20 天无日照来设计蓄电池容量，理论上讲，蓄电池的寿命可以达到 10 年甚至更长。但在实际设计中，又不得不综合考虑初期投资和后期追加维护费用的关系，因此，综合考虑两方面情况，得出一个计算蓄电池容量的简单实用的经验公式：

$$\text{蓄电池容量}\ C=\frac{10\times\text{负载总功率}}{\text{系统工作电压}}$$

公式中的 10 是无日照系数，该公式对于连续阴雨天数超不过 5 天的地区都是适用的。

设计实例 4 北京地区一套太阳能庭院灯带有两个灯头，一个是 11W/12V 节能灯，每天工作 5h，另一个是 3W/12V 的 LED 灯，每天工作 12h，试计算电池组件功率和蓄电池容量。

通过参数表查得北京的斜面修正系数为 1.0976，水平面年平均日辐射量为 15261kJ/（m^2·d），安全系数取 1.2。

$$\text{负载总用电量(W·h)}=11\text{W}\times5\text{h}+3\text{W}\times12\text{h}=91\text{W·h}$$

$$\text{组件功率}=\frac{5618\times1.2\times91}{1.0976\times15261}=36.6\text{W}$$

$$\text{蓄电池容量}=\frac{10\times91\text{W·h}}{12\text{V}}=75.8\text{A·h}$$

根据计算结果，选用峰值功率 38W 电池组件和 80A·h/12V 蓄电池配置该庭院灯系统。

(4) 以峰值日照时数为依据的多路负载计算方法

当太阳能发电系统要为多路不同的负载供电时，需要先把各路负载的日耗电量计算出来并合计出总耗电量，然后再以当地峰值日照时数为参数进行计算。表 7-5 是一个负载耗电量统计表。统计总耗电量时要对临时负荷的接入及预期负荷的增长有预测，留出 5%～10%的余量。

表 7-5 负载电量统计表

序号	负载名称	直流/交流	负载功率	数量	合计功率	工作时间/d	每日耗电
1	负载 1						
2	负载 2						
3	预期负载余量						
4	合计						

① 根据总耗电量，计算出光伏电池组件（方阵）需要提供的发电电流。

$$\text{方阵发电电流(A)}=\frac{\text{负载日耗电量(W·h)}}{\text{系统直流电压}\times\text{峰值日照时数(h)}\times\text{系统效率}}$$

公式中系统直流电压是指蓄电池或蓄电池组串联后的总电压。系统直流电压的确定要根据负载功率的大小，并结合交流逆变器的选型。确定的原则是：

a. 在条件允许的情况下，尽量采用高电压，以减少线路损失，减少逆变器转换损耗，提高转换效率；

b. 系统直流电压的选择要符合我国直流电压的标准等级，即 12V、24V、48V、110V、

220V 和 500V 等。

系统效率系数包括：蓄电池的充电效率，一般取 0.9；交流逆变器的转换效率，一般取 0.85；光伏电池组件功率衰降、线路损耗、尘埃遮挡等的综合系数，一般取 0.9。这些系数可以根据实际情况进行调整。

② 根据光伏电池组件（方阵）的发电电流计算其总功率

电池方阵总功率 P＝方阵发电电流×系统直流电压×系数(1.43)

系数 1.43 是光伏电池组件峰值工作电压与系统工作电压的比值。例如，为 12V 系统工作电压充电的光伏电池组件的峰值电压是 17～17.5V；为 24V 系统电压充电的峰值电压为 34～35V。光伏电池组件功率＝组件峰值电流×组件峰值电压，因此为方便计算，用系统工作电压乘以 1.43 就是该组件或整个方阵的峰值电压近似值。

③ 蓄电池容量 $C=\dfrac{\text{负载日耗电（W·h）}}{\text{系统直流电压（V）}}\times\dfrac{\text{连续阴雨天数}}{\text{逆变器效率}\times\text{蓄电池放电深度}}$

式中，逆变器效率可根据设备选型在 80%～93%之间选择，蓄电池放电深度可根据其性能参数和可靠性要求等在 50%～75%之间选择。根据计算出的光伏组件或方阵的电流、电压、总功率及蓄电池组容量等参数，参照电池组件和蓄电池生产厂家提供的规格尺寸和技术参数，结合电池组件（方阵）设置安装位置的实际情况，就可以确定构成方阵所需电池组件的规格尺寸和构成蓄电池组的容量和串联、并联块数。

设计实例 5 某地一个大气环境监测站有 220V 交流设备及照明灯等，当地年辐射量是 $670kJ/cm^2$，平均峰值日照时数为 5.17h，连续阴雨天数为 5 天，求光伏电池组件和蓄电池组的容量。

表 7-6 大气环境监测站设备耗电情况统计

序号	负载名称	直流/交流	负载功率/W	数量	功率合计/W	每天工作时间/h	每日耗电量/W·h
1	气象遥测仪	AC	35	1	35	24	840
2	计算机	AC	320	1	320	5	1600
3	GSM 通信设备	AC	120	1	120	12	1440
4	照明	AC	18	4	72	6	432
5	大气质量分析仪	AC	30	1	30	2	60
6	空气净化器	AC	28	2	56	4	224
7	合计				633		4596

根据表 7-6 统计的日耗电量，考虑增加 5%的预期负载余量，并确定使用直流工作电压为 48V 的逆变器，计算步骤如下。

$$\text{电池方阵发电电流 } I=\frac{4596\text{W}\cdot\text{h}\times 1.05}{48\times 5.17\text{h}\times(0.9\times 0.85\times 0.9)}=28.24\text{A}$$

光伏电池方阵的总功率 $P=28.24\text{A}\times 48\text{V}\times 1.43=1936$

根据计算结果，拟选用峰值功率 100W、峰值电压 34.5V（为 24V 蓄电池充电的电压）、峰值电流 2.89A 的光伏电池组件 20 块，2 块串联 10 块串并联组成电池方阵，总功率为 2000W。

$$\text{蓄电池容量 } C=\frac{4596\text{W}\cdot\text{h}\times 1.05}{48\text{V}\times 5\times 0.85\times 0.5}=1182\text{A}\cdot\text{h}$$

根据计算结果拟选用 2V/600A·h 铅酸蓄电池 48 块，24 块串联 2 串并联组成电池组，总电压 48V，总容量 1200A·h。

(5) 以峰值日照时数和两段阴雨天间隔天数为依据的计算方法

前面讲过，在考虑连续阴雨天因素时，还要考虑两段连续阴雨天之间的间隔天数，以防止有些地区第一个连续阴雨天到来使蓄电池放电后，还没有来得及补充足，就又来了第二个连续阴雨天，使系统根本无法正常供电。因此，在连续阴雨天比较多的南方地区，设计时要把光伏电池和蓄电池的容量都考虑得稍微大一些。现在介绍的这个计算方法就把两段阴雨天之间的最短间隔天数也作为计算依据纳入了计算公式中。

这种计算方法是先选定尺寸符合要求的电池组件，根据该组件峰值功率、峰值工作电流和日发电量等数据，结合上述数据进行设计计算，确定蓄电池组的容量和电池组件方阵的串、并联数及总功率等。其计算步骤如下。

① 系统蓄电池组容量的计算

$$\text{蓄电池容量 } C=\frac{\text{安全系数}\times\text{负载日平均耗电量}\times\text{最大连续阴雨天数}\times\text{低温修正系数}}{\text{蓄电池最大放电深度系数}}$$

式中，安全系数根据情况在 1.1～1.4 之间选取；低温修正系数在环境温度为 0℃以上时取 1，−10℃以上取 1.1，−20℃以上取 1.2；蓄电池最大放电深度系数，浅循环蓄电池取 0.5，深度循环蓄电池取 0.75，碱性镍镉蓄电池取 0.85。

蓄电池组的组合设计和串并联计算等按照前面介绍的方法和公式计算即可。

② 光伏电池方阵的设计与计算

光伏电池组件串联数的计算公式：

$$\text{电池组件串联数 } N=\frac{\text{系统工作电压(V)}\times\text{系数 }1.43}{\text{选定组件峰值工作电压(V)}}$$

光伏电池组件平均日发电量的计算：

组件平均日发电量(A·h)＝选定组件峰值工作电流(A)×峰值日照时数×倾斜面修正系数×组件衰降修正系数

式中，峰值日照时数和倾斜面修正系数都是指光伏发电系统安装地的实际数据；组件衰降修正系数主要指因组件组合、组件功率衰减、组件灰尘遮盖、充电效率等的损失，一般取 0.8。

两段连续阴雨天之间的最短间隔天数需要补充的蓄电池容量的计算：

补充蓄电池容量(A·h)＝安全系数×负载日平均耗电量(A·h)×最大连续阴雨天数

光伏电池组件并联数的计算方法中，纳入了两段连续阴雨天之间的最短间隔天数的数据，这是本方法与其他计算方法的不同之处。具体公式是：

$$\text{电池组件并联数 } M=\frac{\text{补充的蓄电池容量}+\text{负载日平均耗电量}\times\text{最短间隔天数}}{\text{组件平均日发电量}\times\text{最短间隔天数}}$$

$$\text{电池组件的并联数}=\frac{\text{负载功率}}{\text{负载工作电压}\times\text{最短工作天数}}$$

在两段连续阴雨天之间的最短间隔天数内所发电量，不仅要提供负载所需正常用电量，还要补足蓄电池在最大连续阴雨天内所亏损的电量。两段连续阴雨天之间的最短间隔天数越短，需要提供的发电量就越大，并联的电池组件数就越多。

光伏电池方阵功率的计算：

电池方阵总功率＝选定组件峰值功率×电池组件的串联数×电池组件并联数

设计实例 6 广州某气象监测站监测设备，工作电压 24V，功率 55W，每天工作 18h，当地最大连续阴雨天数为15天，两段最大连续阴雨天之间的最短间隔天数为32天。选用深循环放电型蓄电池，选用峰值输出功率为50W的电池组件，其峰值工作电压17.3V，峰工作电流2.89A，计算蓄电池组容量及光伏电池方阵功率。

查有关数据得知，广州地区的平均峰值日照时数为3.52h，斜面修正系数K_{op}为0.885。

计算蓄电池组容量：

$$蓄电池组容量=1.2\times(55/24)\times18\times15\times1/0.75=990A\cdot h$$

计算电池组件串联数：

$$电池组件的串联数=\frac{24V\times1.43}{17.3}=2(块)$$

计算光伏电池组件平均日发电量：

$$组件平均日发电量=2.89A\times3.52h\times0.885\times0.8=7.2A\cdot h$$

计算两段连续阴雨天之间的最短间隔天数需要补充的蓄电池容量：

$$补充的蓄电池容量=1.2\times(55/24)\times18\times15=742.5A\cdot h$$

计算电池组件的并联数：

$$电池组件的并联数=\frac{742.5A\cdot h+41.3A\cdot h\times32}{7.2A\cdot h\times32}=8.99\approx9$$

计算光伏电池组件方阵的总功率：

$$电池组件方阵总功率=50\times2\times9=900W$$

根据计算结果，拟选用2V/500A·h铅酸蓄电池24块，12块串联2串并联组成电池组，总电压24V，总容量1000A·h。选用峰值功率50W光伏电池组件18块，2块串联9串并联构成电池方阵，总功率900W。

7.3 并网光伏发电系统容量的设计与计算

[任务目标]

掌握并网光伏电站组件容量设计方法。

[任务描述]

并网光伏发电系统以电网储存电能，一般没有蓄电池容量的限制，即使是有备用蓄电池组，一般也是为防灾等特殊情况而配备的。并网光伏系统的设计没有独立光伏发电系统那样严格，注重考虑的应该是光伏方阵在有效的占用面积里实现全年发电量的最大化。条件允许的情况下，光伏电池方阵的安装倾斜角也应该是全年能接收到最大太阳辐射量所对应的角度。

[任务实施]

并网光伏发电系统容量的设计与计算，除了可以采用上面介绍的几种方法外，还可以按照下面介绍的方法计算：一是通过光伏电池方阵的计划占用面积计算系统的年发电量，并确定出光伏电池方阵的容量；二是通过用电负载的耗电量计算出光伏方阵的占用面积，确定出光伏电池方阵的容量。该方法以当地年太阳能辐射总量为计算参数。

(1) 光伏方阵发电量的计算

光伏方阵年发电量计算公式为：

年发电量（kW·h）＝当地年总辐射量（kW·h/m^2）×光伏方阵面积（m^2）×

电池组件转换效率×修正系数

式中，光伏方阵面积不仅仅是指占地面积，也包括光伏建筑一体化并网发电系统占用的屋顶、外墙立面等。组件转换效率，单晶硅组件取13%，多晶硅组件取11%。

$$修正系数\ K=K_1\times K_2\times K_3\times K_4\times K_5$$

其中，K_1 为光伏电池长期运行性能衰降修正系数，一般取0.8；K_2 为灰尘遮挡玻璃及温度升高造成组件功率下降修正，一般取0.82；K_3 为线路损耗修正，一般取0.95；K_4 为逆变器效率，一般取0.85，也可根据逆变器生产商提供的技术参数确定；K_5 为光伏方阵朝向及倾斜角修正系数，见表7-7。

表7-7 光伏电池组件朝向与倾斜角的修正系数

光伏组件朝向	光伏电池组件方阵与地面的倾斜角			
	0°	30°	60°	90°
东	93%	90%	78%	55%
东南	93%	96%	88%	66%
南	93%	100%	91%	68%
西南	93%	96%	88%	66%
西	93%	90%	78%	55%

同一系统有不同方向和倾斜角的光伏方阵时，要根据各自条件分别计算发电量。

(2) 根据负载耗电量计算光伏方阵的面积

理论上讲，负载全年消耗的电能应该与光伏发电系统全年的发电量相等，因此，在统计和计算出负载全年耗电量后，利用上述公式就可以计算出光伏组件或方阵的面积。年耗电量的统计还可以采用表7-3的方法，只是表7-3统计的是日耗电量，需要再乘以全年实际耗电天数，例如家庭要按365天算，机关办公室等就可以考虑减去节假日天数。另外，表7-3统计出的耗电量单位是W·h，要换算成kW·h（度）。

$$光伏组件面积=\frac{年耗电总量(kW\cdot h)}{当地年总辐射能\times 电池组件转换效率\times 修正系数}$$

设计实例7 某住户有家用电器、电脑及照明灯等，日耗电量统计见表7-8，住户房屋朝向正南，屋顶倾斜角30°，当地年太阳能辐射总量为6498MJ/m²，换算后为1805kW·h/m²，计划选用单晶硅电池组件，求该方阵面积并确定电池组件规格尺寸和容量。

表7-8 大气环境监测站设备耗电情况统计

序号	负载名称	直流/交流	负载功率/W	数量	功率合计/W	每天工作时间/h	每日耗电量/W·h
1	彩色电视机	AC	120	1	120	4	480
2	计算机	AC	300	1	300	3	900
3	电冰箱	AC	95	1	95	12	1140
4	照明灯	AC	15	5	75	3	225
5	微波炉	AC	900	1	900	0.1	90
6	数字机顶盒	AC	28	1	28	4	112
7	合计				1518		2947

根据住户屋顶面积及长宽形状，拟选择规格尺寸为1200mm×550mm的单晶硅光伏电池组件16块，4块串联4串并联，每块输出峰值功率为85W，总功率为85W×16=1360W，

占用面积为 $1.2m\times0.55m\times16=10.56m^2$，符合设计要求。

(3) 有关太阳能辐射能量的换算

① 当辐射量的单位为卡/厘米² (cal/cm^2) 时，则：

年峰值日照小时数＝辐射量×0.0116(换算系数)

例如：某地水平面辐射量为 139 千卡/厘米² ($kcal/cm^2$)，电池组件倾斜面上的辐射量为 152.5 千卡/厘米² ($kcal/cm^2$)，则年峰值日照小时数为 $152500\times0.0116=1769h$，峰值日时数＝$1769h\div365=4.85h$。

② 当辐射量的单位为兆焦/米² (MJ/m^2) 时，则：

年峰值日照小时数＝辐射量÷3.6(换算系数)

例如：某地年水平面辐射量为 5497.27 兆焦/米² (MJ/m^2)，电池组件倾斜面上的辐射量为 6348.82 兆焦/米² (MJ/m^2)，则年峰值日照小时数为 $6348.82(MJ/m^2)\div3.6=1763.56h$，峰值日照时数＝$763.56\div365=4.83h$。

③ 当辐射量的单位为千瓦时/米² (kW/m^2) 时，则：

峰值日照小时数＝辐射量÷365 天

例如：北京年水平面辐射量为 1547.31 千瓦时/米² ($kW\cdot h/m^2$)，电池组件倾斜面上的辐射量为 1828.55 千瓦时/米² ($kW\cdot h/m^2$)，则峰值日照小时数为 $1828.55(kW\cdot h/m^2)\div365=5.01h$。

④ 当辐射量的单位为千焦/厘米² (kJ/m^2) 时，则：

年峰值日照小时数＝辐射量÷0.36(换算系数)

例如：拉萨年水平面辐射量为 777.49 千焦/厘米² (kJ/m^2)，电池组件倾斜面上的辐射量为 881.51 千焦/厘米² (kJ/m^2)，则年峰值日照小时数为 $881.51\div0.36=2448.64h$，峰值日照时数＝$2448.64\div365=6.71h$。

(4) 光伏发电系统功率与带负载配置

交流负载分电阻性负载、电感性负载、电力电子负载。

电阻性负载：电流与电压相同，无冲击电流。例如白炽灯、电子节能灯、电加热器等。

电感性负载：电压超前电流，有冲击性。例如电动机、电冰箱、水泵。

电力电子负载：有冲击电流。例如荧光灯（带电子镇流器）、电视机、计算机等。

电感性负载的浪涌电流如下。

电动机：额定电路的 5～8 倍，时间 50～150ms。

电冰箱：额定电流的 5～10 倍，时间为 100～200ms。

彩色电视机的消磁线圈和显示器：额定电流的 2～5 倍，时间为 20～100ms。

负载参数和对电源的要求有电压、电流、功率因数、波形、频率等。

在实际光伏发电系统中，系统所带负载是光伏发电系统设计的重要因素，特别对于电阻性负载、电感性负载、电力电子负载系统容量设计有不同要求。表 7-9 为光伏发电功率与带负载类型配置速配表。

表 7-9 光伏发电功率与带负载类型配置速配表

发电功率/W	额定负载/W	峰值负载/W	输出电压/V	输出电流/A	照明	彩电	台式电脑	电冰箱	洗衣机	空调器	厨房电器
50	50	75	DC12	DC4.1	●	△	△	△	△	△	△
50	50	75	AC220	AC0.2	●	△	△	△	△	△	△
100	150	225	AC220	AC0.7	●	△	△	△	△	△	△

续表

发电功率/W	额定负载/W	峰值负载/W	输出电压/V	输出电流/A	照明	彩电	台式电脑	电冰箱	洗衣机	空调器	厨房电器
150	150	225	AC220	AC0.7	●	△	△	△	△	△	△
200	200	300	AC220	AC0.9	●	△	△	△	△	△	△
300	300	450	AC220	AC1.4	●	◎	◎	△	△	△	△
500	500	750	AC220	AC2.3	●	◎	◎	△	△	△	△
600	600	800	AC220	AC2.7	●	◎	◎	◎	△	△	△
800	800	1200	AC220	AC3.6	●	●	◎	◎	△	△	△
1000	1000	1500	AC220	AC4.5	●	●	●	●	◎	△	△
1500	1500	2250	AC220	AC6.8	●	●	●	●	◎	△	△
2000	2000	3000	AC220	AC9.1	●	●	●	●	◎	◎	◎
3000	3000	4500	AC220	AC13.6	●	●	●	●	●	◎	◎
4000	4000	6000	AC220	AC18.2	●	●	●	●	●	●	◎
5000	5000	7500	AC220	AC22.7	●	●	●	●	●	●	●
7500	7500	11250	AC220	AC34.1	●	●	●	●	●	●	●
10000	10000	15000	AC220	AC45.5	●	●	●	●	●	●	●

注：●为可持续使用，◎为须交替使用，△不能使用。

思考题

已知北京地区一套太阳能庭院灯带有两个灯头，一个是11W/12V节能灯，每天工作5h，另一个是3W/12V的LED灯，每天工作12h，试计算电池组件功率和蓄电池容量。试用不同的方法计算组件和蓄电池容量。

项目 8

太阳能光伏发电系统的整体配置与相关设计

[学习目标]

知识目标	能力目标
掌握光伏发电系统配置的整体要求；	能实现光伏发电系统整体配置；
掌握光伏发电系统设备、部件的选配和选型；	能正确选择光伏组件；
掌握太阳能光伏组件支架设计；	能正确选择光伏逆变器；
掌握交流配电柜设计；	能正确选择光伏控制器；
掌握汇流箱设计；	能正确设计光伏发电系统交流配电柜；
掌握电度表设计；	能正确连接光伏汇流箱；
掌握太阳能光伏发电系统防雷设计	能正确连接电度表；
	能正确设计防雷设备

[案例提示]

对一个完整的光伏电站，除了光伏电池组件方阵、蓄电池、逆变器、控制器等部件的设计与选择，还有组件支架及固定方式的确定与基础设计，交流配电系统、防雷与接地系统的配置与设计，监控和测量系统的配置，直流配线箱及所用电缆的设计选择等。

8.1 太阳能光伏发电系统的整体配置

[任务目标]

掌握光伏发电系统整体设计，掌握光伏组件、光伏逆变器、光伏控制器等系统部件的整体配置。

[任务描述]

在前面的学习基础上，已经掌握了光伏发电系统各部件的主要功能和设计要求。设计一个光伏发电系统，要综合各个部件的功能，才能实现光伏发电系统的整体功能。

[案例引导] 太阳能路灯整体设计要求

通过分析组装一太阳能路灯系统，填写下表。

序号	内容	型号	功能(说明规格、主要连接方式、容量等)
1			
2			
3			
4			
5			

[任务实施]

在一个光伏发电系统中，主要包括光伏控制器、交流逆变器的选型与配置，组件支架及固定方式的确定与基础设计，交流配电系统、防雷与接地系统的配置与设计，监控和测量系统的配置，直流配线箱及所用电缆的设计选择等。

(1) 太阳能光伏发电系统的整体配置

太阳能光伏系统的整体配置主要是根据计算出的光伏电池方阵和蓄电池容量，合理地选配其他电力电子设备，并根据需要和系统的大小决定各个相关附属设施的取舍，例如有些中、小型光伏发电系统由于容量或者环境的因素，可以不考虑配置防雷接地系统和监控测量系统等。

太阳能光伏发电系统完整的配置构成如图 8-1 所示，主要由光伏组件或方阵、直流接线箱、控制器、逆变器、交流配电箱（系统）、蓄电池组、防雷接地系统、监控测量系统等组成。其中，需要选配的内容主要是：光伏电池组件的形状和尺寸的确定、直流接线箱（成品）的选型、控制器的选型、逆变器的选型、交流配电柜（成品）的选型、蓄电池的选型、监控测量系统及其软件的选型及直流输送电缆的选型等。而需要设计的内容主要有光伏电池组件或方阵固定支架和基础的设计、直流接线箱的设计、交流配电柜的设计、防雷接地系统的设计等。下面先介绍选型、配置部分的内容。

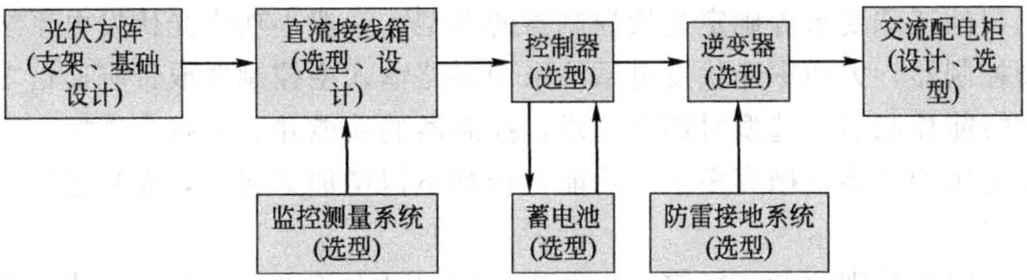

图 8-1 太阳能光伏发电系统的整体配置流程

(2) 设备、部件的配置和选型

① 光伏组件或方阵的形状与尺寸的确定

虽然根据用电量或计划发电量计算出了电池组件或整个方阵的总的容量和功率，确定了电池组件的串并联数量，但是还需要根据光伏电池的具体安装位置来确定电池组件的形状及外形尺寸，以及整个方阵的整体排列等。有些异形和特殊尺寸的电池组件还需要与生产厂商定制。

例如从尺寸和形状上讲，同一功率的电池组件可以做成长方形，也可以做成正方形或圆形、梯形等其他形状；从电池片的用料上讲，同一功率的电池组件可以是单晶硅或多晶硅组件，也可以是非晶硅组件等，这就需要选择和确定。电池组件的外形和尺寸确定后，才能进行组件的组合、固定和支架、基础等内容的设计。

② 直流接线箱的选型

直流接线箱也叫直流配电箱。小型光伏发电系统一般不用直流接线箱，电池组件的输出线直接接到了控制器的输入端子上。直流接线箱主要是在中、大型太阳能光伏发电系统中，用于把光伏电池组件方阵的多路输出电缆集中输入、分组连接，不仅使连线井然有序，而且便于分组检查和维护。当光伏电池方阵局部发生故障时，可以局部分离检修，不影响整体发电系统的连续工作。

图 8-2 是单路输入直流接线箱内部基本电路，图 8-3 是多路输入直流接线箱的内部基本电路，它们由分路开关、主开关、避雷防雷器件、接线端子等构成，有些直流接线箱还把防反充二极管也放在其中。

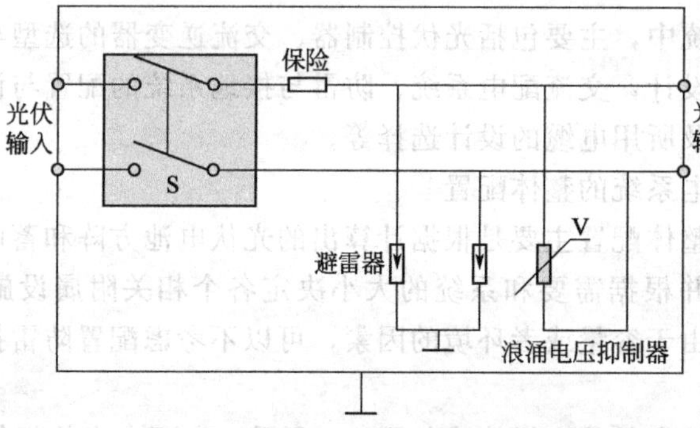

图 8-2 单路输入直流接线箱内部电路图

直流接线箱一般由逆变器生产厂家或专业厂家生产并提供成型产品，选用时主要考虑根据光伏方阵的输出路数、最大工作电流和最大输出功率等参数进行选择。当没有成型产品提供或成品不符合系统要求时，就要根据实际需要自己设计制作了。

图 8-4 是图 8-3 所示电路直流接线箱的实体连接图，供读者选型和自行设计时参考。

③ 光伏控制器的选型

光伏控制器要根据系统功率、系统直流工作电压、电池方阵输入路数、蓄电池组数、负载状况以及用户的特殊要求等确定光伏控制器的类型。一般小功率光伏发电系统采用单路脉冲宽度调制型控制器，大功率光伏发电系统采用多路输入型控制器或带有通信功能和远程监测控制功能的智能控制器。选型时还要注意，控制器的功能并不是越多越好，注意选择在本系统中适用和有用的功能，抛弃多余的功能，否则不但增加了成本，而且还增添了出现故障的可能性。

控制器选择时要特别注意其额定工作电流必须同时大于光伏电池组件或方阵的短路电流和负载的最大工作电流。为适应将来的系统扩容，和保证系统长时期的工作稳定，建议控制器的选型最好选择高一个型号。例如，设计选择 12V/5A 的控制器就能满足系统使用时，实际应用可考虑选择 12V/8A 的控制器。

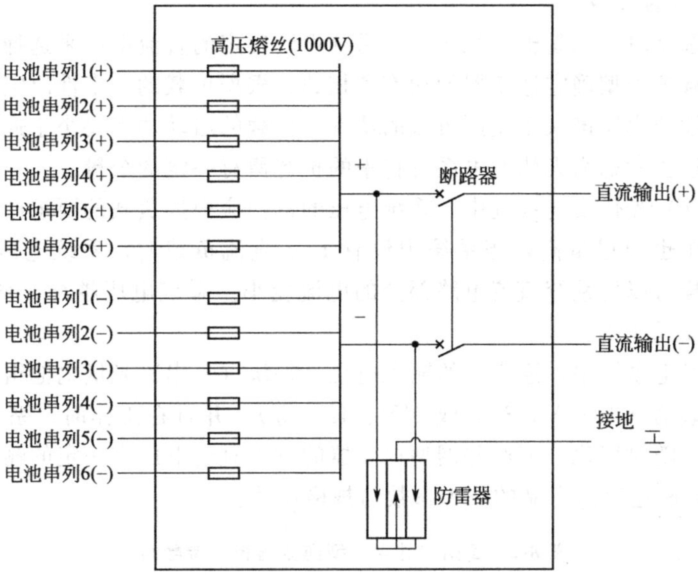

图 8-3 多路输入直流接线箱内部电路图

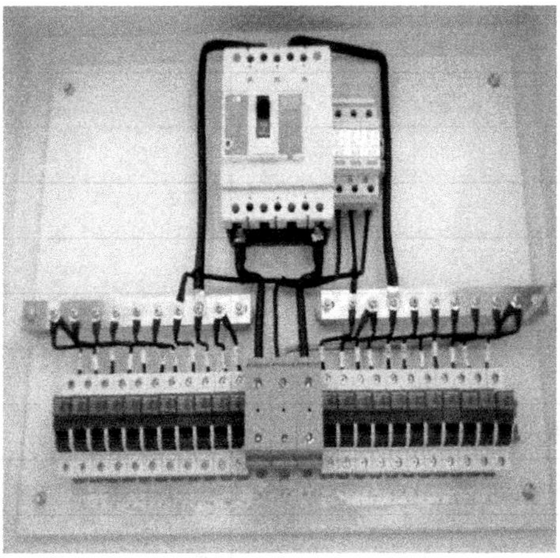

图 8-4 多路输入直流接线箱连接实体图

表 8-1 是某光伏控制器的技术参数与规格尺寸，供选型时参考。

表 8-1 小功率光伏控制器技术参数表

型 号		SD220150
直流额定电压/V		220
额定负载电流/A		150
最大光伏电池功率 kW_P		33
光伏电池组数		25
继电器输出触点容量		1A 125 AC 或 2A 30V DC
电压降落	光伏电池与蓄电池之间/V	0.7
	蓄电池与负载之间/V	0.1
使用海拔/m		≤5500

④ 光伏逆变器的选型

光伏逆变器选型时一般是根据光伏发电系统设计确定的直流电压来选择逆变器的直流输入电压，根据负载的类型确定逆变器的功率和相数，根据负载的冲击性决定逆变器的功率余量。逆变器的持续功率应该大于使用负载的功率，负载的启动功率要小于逆变器的最大冲击功率。在选型时还要考虑为光伏发电系统将来的扩容留有一定的余量。

在离网（独立）光伏发电系统中，系统电压的选择应根据负载的要求而定。负载电压要求越高，系统电压也应尽量高，当系统中没有12V直流负载时，系统电压最好选择24V、48V或以上，这样可以使系统直流电路部分的电流变小。系统电压越高，系统电流就越小，从而可以使系统损耗变小。

在并网光伏发电系统中，逆变器的输入电压是每块（每串）光伏电池组件峰值输出电压或开路电压的整数倍（如17V、34V或21V、42V等），并且在工作时，系统工作电压会随着太阳能辐射强度随时变化，因此并网型逆变器的输入直流电压有一定的输入范围。

表8-2为SG5K逆变器产品的技术参数与规格尺寸。

表8-2 离网（独立）型逆变器技术参数表

型号	SG5K
直流侧参数	
最大直流电压	780V DC
启动电压	320V
满载MPP电压范围	300～650V
最低电压	300V
最大直流功率	5500Wp
最大输入电流	20A
推荐光伏阵列开路电压	600V
最大功率跟踪器路数/每路跟踪器可接入组串数	1/4
交流侧参数	
额定输出功率	5kW
最大交流输出电流	25A
额定电网电压	230V AC
允许电网电压	180～260V AC
额定电网频率	50/60Hz
允许电网频率	47～51.5Hz/57～61.5Hz
总电流波形畸变率	<3%(额定功率)
功率因数	≥0.99(额定功率)
系统	
最大效率	94.5%(含变压器)
欧洲效率	93.6%(含变压器)
防护等级	IP65(室外)
夜间自耗电	0W

续表

允许环境温度	−25～+60℃
冷却方式	风冷
允许相对湿度	0～95%，无冷凝
显示与通讯	
显示	LCD
标准通讯方式	RS485
可选通讯方式	以太网/GPRS
机械参数	
外形尺寸(宽×高×深)	410mm×580mm×283mm
净重	58.84kg

⑤ 蓄电池的选型

蓄电池的选型一般是根据光伏发电系统设计和计算出的结果，来确定蓄电池或蓄电池组的电压和容量，选择合适的蓄电池种类及规格型号，再确定其数量和串并联连接方式等。为了使逆变器能够正常工作，同时为了给负载提供足够的能量，必须选择容量合适的蓄电池组，使其能够提供足够大的冲击电流来满足逆变器的需要，以应付一些冲击性负载如电冰箱、冷柜、水泵和电动机等在启动瞬间产生的很大电流。

利用下面的公式可以用来验证一下前面设计计算出的蓄电池容量是否能够满足冲击性负载功率的需要：

$$蓄电池容量 \geqslant \frac{5h \times 逆变器额定功率}{蓄电池(组)额定电压}$$

其中，蓄电池的容量单位是 A·h；逆变器的功率单位是 W；蓄电池的电压单位是 V。蓄电池选型举例如表 8-3 所示。

表 8-3 蓄电池选型举例

逆变器额定功率/W	蓄电池(组)额定电压/V	蓄电池(组)容量/A·h
200	12	≥100
500	12	≥200
1000	12	≥400
2000	12	≥800
2000	24	≥400
3500	24	≥700
3500	48	≥350
5000	48	≥500
7000	48	≥700

⑥ 直流输送电缆的选型

在太阳能光伏发电系统中，低压直流输送部分使用的电缆，因为使用环境和技术要求的不同，对不同部件的连接有不同的要求，总体要考虑的因素有电缆的绝缘性能，耐热阻燃性能，电缆的防潮、防光，电缆的敷设方式，电缆芯的类型（铜芯，铝芯），电缆的大小规格等。光伏系统中不同部件之间的连接，因为环境和要求的不同，选择的电缆也不相同。以下分别列出不同连接部分的技术要求。

a. 组件与组件之间的连接电缆，一般使用组件接线盒附带的连接电缆直接连接，长度不够时还可以使用专用延长电缆，如图 8-5 所示。依据组件功率大小的不同，该类连接电缆有截面积为 2.5mm^2、4.0mm^2 和 6.0mm^2 三种规格。这类连接电缆使用双层绝缘外皮，如图 8-6 所示，具有优越的防紫外线、水、臭氧、酸、盐的侵蚀能力，优越的全天候能力和耐磨损能力。

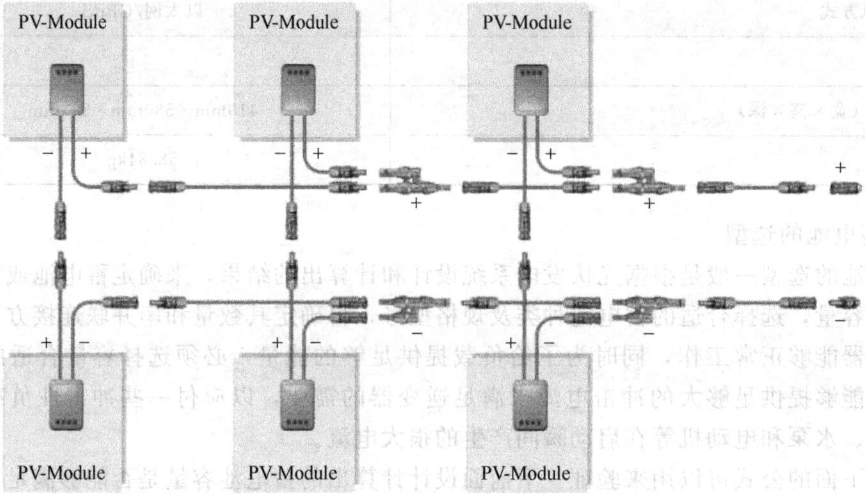

图 8-5　组件延长电缆使用示例示意图

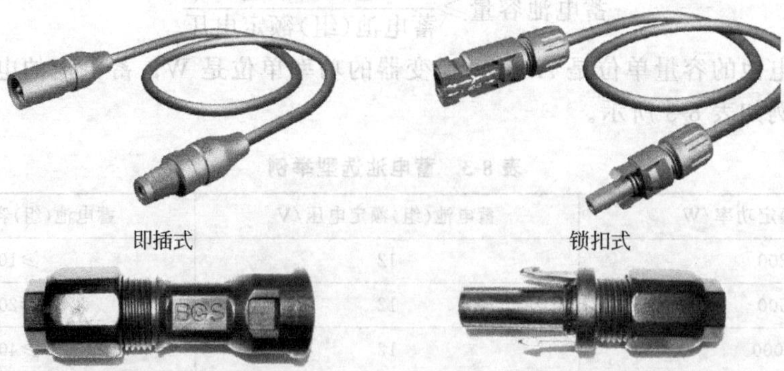

图 8-6　光伏组件连接电缆器

b. 蓄电池与逆变器之间的连接电缆，要求使用通过 UL 测试的多股软线，尽量就近连接。选择短而粗的电缆可使系统减小损耗，提高效率，增强可靠性。

c. 电池方阵与控制器或直流接线箱之间的连接电缆，也要求使用通过 UL 测试的多股软线，截面积规格根据方阵输出最大电流而定。

电缆大小规格设计，必须遵循以下原则。

蓄电池到室内设备的短距离直流连接，选取电缆的额定电流为计算电缆连续电流的 1.25 倍；交流负载的连接，选取的电缆额定电流为计算所得电缆中最大连续电流的 1.25

倍；逆变器的连接，选取的电缆额定电流为计算所得电缆中最大连续电流的 1.25 倍；方阵内部和方阵之间的连接，选取的电缆额定电流为计算所得电缆中最大连续电流的 1.56 倍；考虑温度对电缆的性能的影响；考虑电压降不要超过 2%。

适当的电缆直径选取基于两个因素：电流强度与电路电压损失。完整的计算公式为：

线损＝电流×电路总线长×线缆电压因子

式中，线缆电压因子可由电缆制造商处获得。

⑦ 监控测量系统与软件的选型

太阳能光伏发电中的监控测量系统是各相关企业针对太阳能光伏发电系统开发的软件平台，一般可配合逆变器系统对系统进行实时监视记录和控制、系统故障记录与报警以及各种参数的设置，还可通过网络进行远程监控和数据传输。监控测量系统运行界面一般可以显示：当前发电功率、日发电量累计、月发电量累计、年发电量累计、总发电量累计、累计减少 CO_2 排放量等相关参数，如图 8-7 所示。逆变器各种运行数据提供 RS485 接口与监控测量系统主机连接。监控测量系统一般用在中大型光伏发电系统中，可根据光伏发电系统的重要性和投资预算等因素考虑选用。

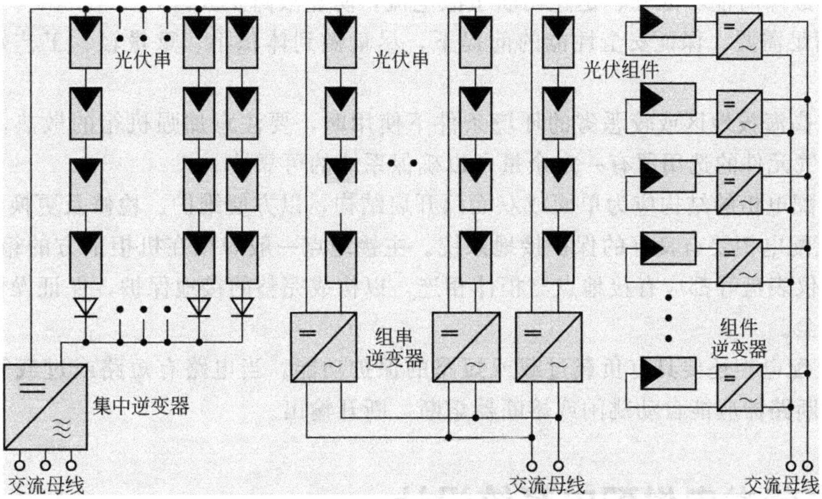

图 8-7 光伏发电监控测量系统显示界面

⑧ 交流配电柜的选型

交流配电柜是在太阳能光伏发电系统中，连接在逆变器与交流负载之间的接受和分配电能的电力设备，它主要由开关类电器（如空气开关、切换开关、交流接触器等）、保护类电器（如熔断器、防雷器等）、测量类电器（如电压表、电流表、电能表、交流互感器等）以及指示灯、母线排等组成。交流配电柜按照负荷功率大小，分为大型配电柜和小型配电柜；按照使用场所的不同，分为户内型配电柜和户外型配电柜；按照电压等级不同，分为低压配电柜和高压配电柜。

中、小型太阳能光伏发电系统一般采用低压供电和输送方式，选用低压配电柜就可以满足输送和电力分配的需要。大型光伏发电系统大都采用高压供配电装置和设施输送电力，并入电网，因此要选用符合大型发电系统需要的高低压配电柜和升、降压变压器等配电设施。

交流配电柜一般可以由逆变器生产厂家或专业厂家设计生产并提供成型产品。当没有成型产品提供或成品不符合系统要求时，就要根据实际需要自己设计制作了。图 8-8 是一款最简单的交流配电柜产品的内部电路图。

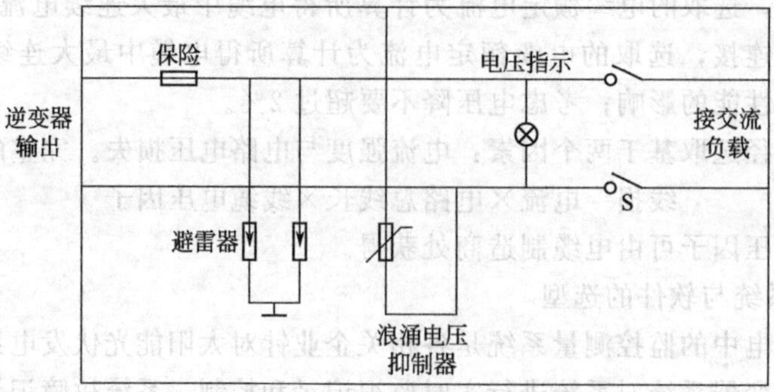

图 8-8 最简单的交流配电柜电路图

无论是选购或者设计生产光伏发电系统用交流配电柜，都要符合下列各项要求。

a. 选型和制造都要符合国标要求，配电和控制回路都要采用成熟可靠的电子线路和电力电子器件。

b. 操作方便，运行可靠，双路输入时切换动作准确。

c. 发生故障时能够准确、迅速切断事故电流，防止故障扩大。

d. 在满足需要、保证安全性能的前提下，尽量做到体积小、重量轻、工艺好、制造成本低。

e. 当在高海拔地区或较恶劣的环境条件下使用时，要注意加强机箱的散热，并在设计时对低压电气元件的选用留有一定余量，以确保系统的可靠性。

f. 交流配电柜的结构应为单面或双面门开启结构，以方便维护、检修及更换电气元件。

g. 交流配电柜要有良好的保护接地系统。主接地点一般焊接在机柜下方的箱体骨架上，前后柜门和仪表盘等都应有接地点与柜体相连，以构成完整的接地保护，保证操作及维护检修人员的安全。

h. 交流配电柜还要具有负载过载或短路的保护功能。当电路有短路或过载等故障发生时，相应的断路器应能自动跳闸或熔断器熔断，断开输出。

8.2 光伏发电供配电系统设计

[任务目标]

掌握光伏发电系统中直流接线箱、交流配电柜、防雷接地等部件的设计。

[任务描述]

直流接线箱、交流配电柜、防雷接地是中、大型光伏发电系统不可缺少的系统部件。

[任务实施]

(1) 直流接线箱的设计

直流接线箱由箱体、分路开关、总开关、防雷器件、防逆流二极管、端子板等构成。下面就以图 8-9 所示电路为例，介绍直流接线箱的设计及部件选用。

① 机箱箱体

机箱箱体的大小根据所有内部器件数量及排列所占用的位置确定，还要考虑布线排列整齐规范，开关操作方便，不宜太拥挤。箱体根据使用场合的不同分为室内型和室外型，根据

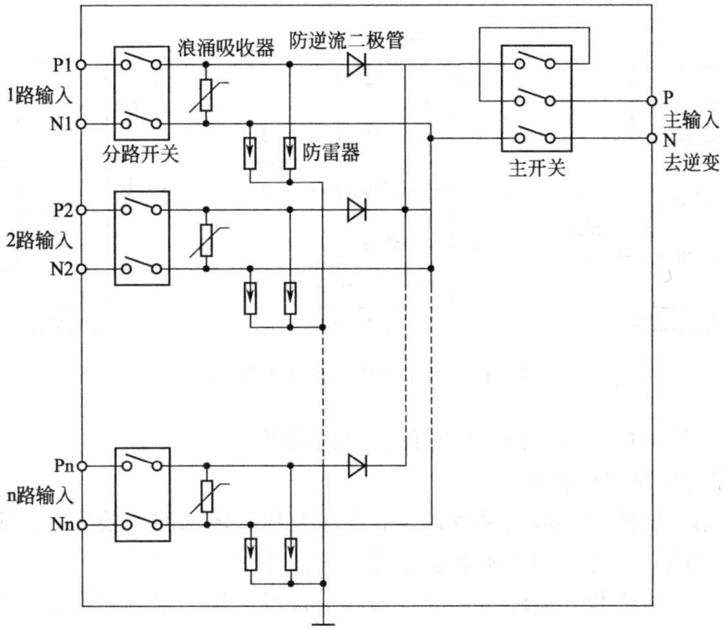

图 8-9 直流接线箱内部电路示意图

材料的不同分为铁制、不锈钢制和工程塑料制作。金属制机箱使用板材厚度一般为 1.0～1.6mm。机箱可以根据需要定制，也可以直接购买尺寸合适的机箱产品。

② 分路开关和主开关

设置在光伏电池方阵输入端的分路开关是为了在光伏电池方阵组件局部发生异常或需要维护检修时，从回路中把该路方阵组件切断，与方阵分离。

主开关安装在直流接线箱的输出端与交流逆变器输入端之间。对于输入路数较少的系统或功率较小的系统，分路开关和主开关可以合二为一，只设置一种开关，但必要的熔断器等依然需要保留。当接线箱安装到有些不容易靠近的场合时，也可以考虑把主开关与接线箱分离另行安装。

无论是分路开关还是主开关，都要采用能满足各自光伏电池方阵最大直流工作电压和通过电流的开关器件，所选开关器件的额定工作电流要大于等于回路的最大工作电流，额定工作电压大于等于回路的最高工作电压。

但是目前市场上的各种开关器件大多是为用在交流电路生产的，当把这些开关器件用在直流电路中时，开关触点所能承受的工作电流约为交流电路的 1/2～1/3，也就是说，在同样工作电流状态下，开关能承受的直流电压是交流电压的 1/2～1/3。例如某开关器件的技术参数里，标明额定工作电流 5A，额定工作电压为 AC220/DC110V 就是这个意思。因此，当系统直流工作电压较高时，应选用直流工作电压满足电路要求的开关，如没有参数合适的开关，也可以多用 1～2 组开关，并将开关按照如图 8-10 所示方法串联连接，这样连接后的开关将可以分别承受 450V 和 800V 的直流工作电压。

③ 防雷器件

防雷器件是用于防止雷电浪涌侵入到光伏电池方阵、交流逆变器、交流负载或电网的保护装置。在直流接线箱内，为了保护光伏电池方阵，每一个组件串中都要安装防雷器件。对于输入路数较少的系统或功率较小的系统，也可以在光伏电池方阵的总输出电路中安装。防

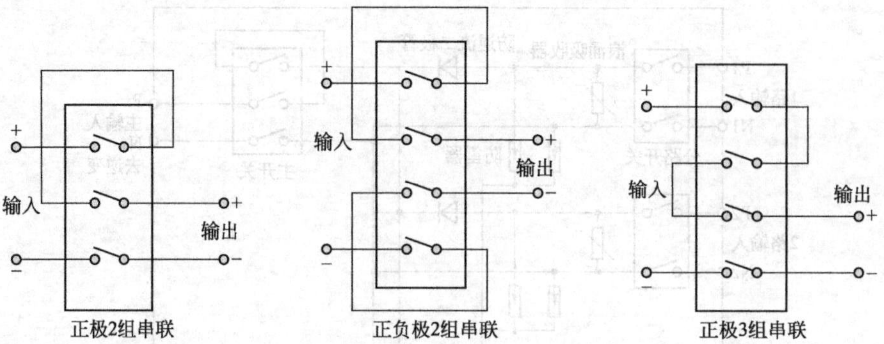

图 8-10 直流开关串联接法示意图

雷器件接地侧的接线可以一并接到接线箱的主接地端子上。

④ 端子板和防反充二极管元件

端子板可根据需要选用，输入路数较多时考虑使用，输入路数较少时，则可将引线直接接入开关器件的接线端子上。端子板要选用符合国标要求的产品。

防反充二极管一般都装在电池组件的接线盒中。当组件接线盒中没有安装时，可以考虑在直流接线箱中加装。防反充二极管的性能参数已经在前面介绍过，大家可根据实际需要选用。为方便二极管与电路的可靠连接，建议安装前在二极管两端的引线上焊接两个铜焊片或小线鼻子。

(2) 交流配电柜的设计

太阳能光伏发电系统的交流配电柜与普通交流配电柜大同小异，也要配置总电源开关，并根据交流负载设置分路开关。面板上要配置电压表、电流表，用于检测逆变器输出的单相或三相交流电的工作电压和工作电流等，电路结构如图 8-11 所示。对于相同部分，完全可以按照普通配电柜的模式进行设计，对配电柜的功能和技术要求等内容，也在前面配电柜选型中介绍了。在此主要介绍光伏发电系统交流配电柜与普通配电柜的不同部分，供设计时参考。

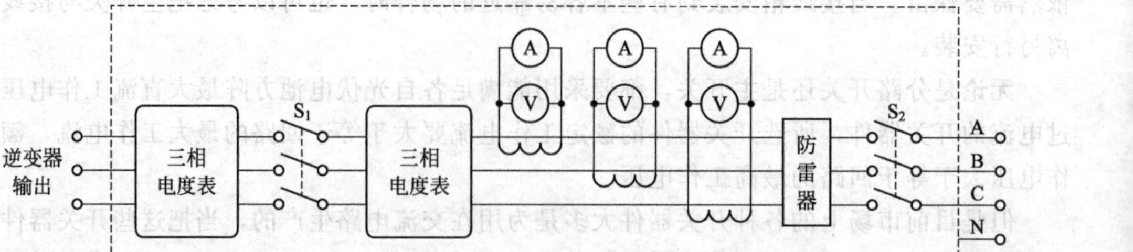

图 8-11 交流配电柜电路结构示意图

① 接有防雷器装置

太阳能光伏发电系统的交流配电柜中一般都接有防雷器装置，用来保护交流负载或交流电网免遭雷电破坏。防雷器一般接在总开关之后，具体接法如图 8-12 所示。

② 电表连接

在可逆流的太阳能并网光伏发电系统中，除了正常用电计量的电度表之外，为了准确地计量发电系统馈入电网的电量（卖出的电量）和电网向系统内补充的电量（买入的电量），需要在交流配电柜内另外安装两块电度表进行用电量和发电量的计量，其连接方法如图8-13所示。

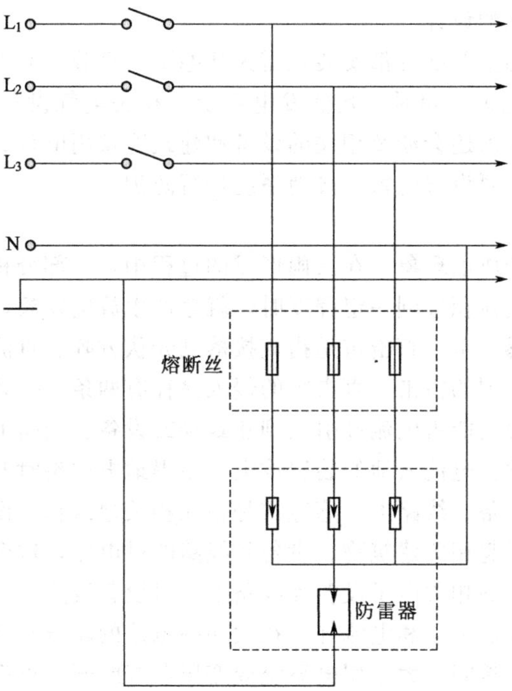

图 8-12 交流配电柜中防雷器接法示意图

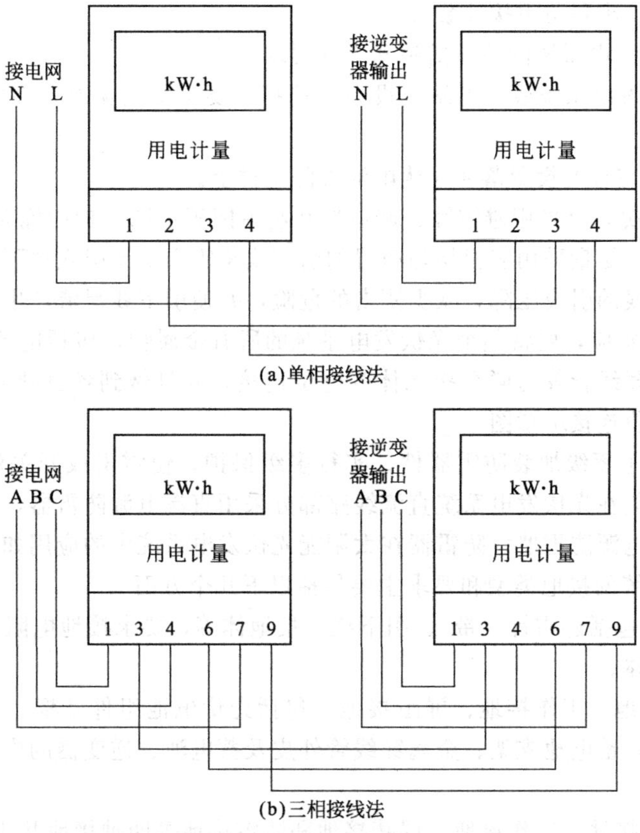

图 8-13 电表连接法

(3) 防雷与接地系统的设计

由于光伏发电系统的主要部分都安装在露天状态下，且分布的面积较大，因此存在着受直接雷击和间接雷击的危害。同时，光伏发电系统与相关电气设备及建筑物有着直接的连接，因此对光伏系统的雷击还会涉及相关的设备和建筑物及用电负载等。为了避免雷击对光伏发电系统的损害，就需要设置防雷与接地系统进行防护。

① 雷电及开关浪涌

雷电是一种大气中的放电现象。在云雨形成的过程中，一部分积聚起正电荷，另一部分积聚起负电荷，当这些电荷积聚到一定程度时，就会产生放电现象，形成雷电。

雷电分为直击雷和感应雷。直击雷是指直接落到光伏方阵、直流配电系统、电气设备及其配线等处，以及近旁周围的雷击。直击雷的侵入途径有两条：一条是上述所说的直接对光伏方阵等放电，使大部分高能雷电流被引入到建筑物或设备、线路上；另一条途径是雷电直接通过避雷针等直接传输雷电流入地的装置放电，使得地电位瞬时升高，一大部分雷电流通过保护接地线反串入到设备、线路上。感应雷是指在相关建筑物、设备和线路的附近及更远些的地方产生的雷击，引起相关建筑物、设备和线路的过电压，这个浪涌过电压通过静电感应或电磁感应的形式串入到相关电子设备和线路上，对设备线路造成危害。

除了雷电能够产生浪涌电压和电流外，在大功率电路的闭合与断开的瞬间、感性负载和容性负载的接通或断开的瞬间、大型用电系统或变压器等断开，也都会产生较大的开关浪涌电压和电流，同样会对相关设备、线路等造成危害。

对于较大型的或安装在空旷田野、高山上的光伏发电系统，特别是处于雷电多发地区的光伏发电系统，必须配备防雷接地装置。

② 太阳能光伏发电系统的防雷措施和设计要求

a. 太阳能光伏发电系统或发电站建设地址选择，要尽量避免放置在容易遭受雷击的位置和场合。

b. 尽量避免避雷针的投影落在光伏电池方阵组件上。

c. 根据现场状况，可采用避雷针、避雷带和避雷网等不同防护措施对直击雷进行防护，减少雷击概率，并应尽量采用多根均匀布置的引下线将雷击电流引入地下。多根引下线的分流作用可降低引下线的引线压降，减少侧击的危险，并使引下线泄流产生的磁场强度减小。

d. 为防止雷电感应，要将整个光伏发电系统的所有金属物，包括电池组件外框、设备、机箱机柜外壳、金属线管等与联合接地体等电位连接，并且做到各自独立接地。图 8-14 是光伏发电系统等电位连接示意图。

e. 在系统回路上逐级加装防雷器件，实行多级保护，使雷击或开关浪涌电流经过多级防雷器件泄流。一般在光伏发电系统直流线路部分采用直流电源防雷器，在逆变后的交流线路部分，使用交流电源防雷器。防雷器在太阳能光伏发电系统中的应用如图 8-15 所示。

f. 光伏发电系统的接地类型和要求主要包括以下几个方面。

• 防雷接地。包括避雷针（带）、引下线、接地体等，要求接地电阻小于 30Ω，并最好考虑单独设置接地体。

• 安全保护接地、工作接地、屏蔽接地。包括光伏电池组件外框、支架，控制器、逆变器、配电柜外壳，蓄电池支架、金属穿线管外皮及蓄电池、逆变器的中性点等，要求接地电阻≤4Ω。

• 当安全保护接地、工作接地、屏蔽接地和防雷接地等四种接地共用一组接地装置时，其接地电阻按其中最小值确定。若防雷已单独设置接地装置时，其余三种接地宜共用一组接

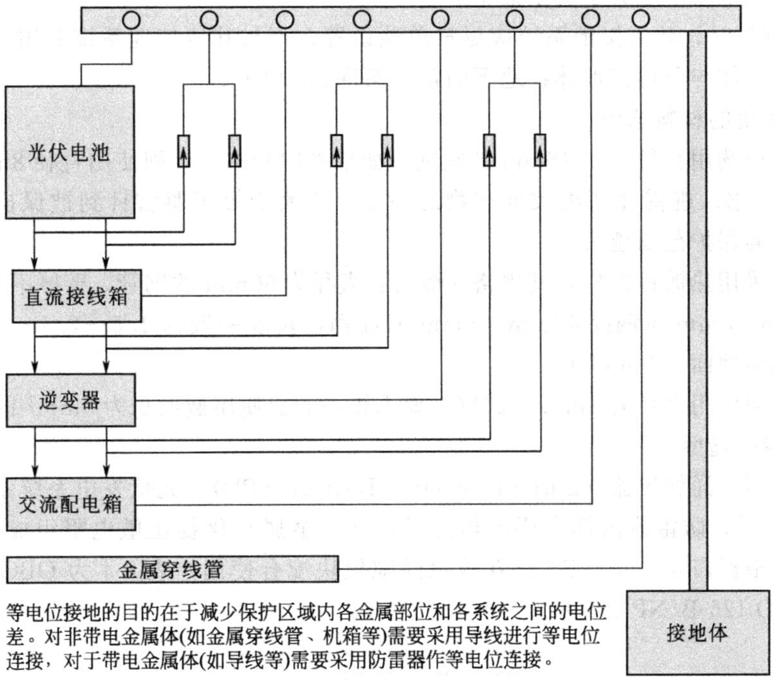

图 8-14　光伏发电系统等电位连接示意图

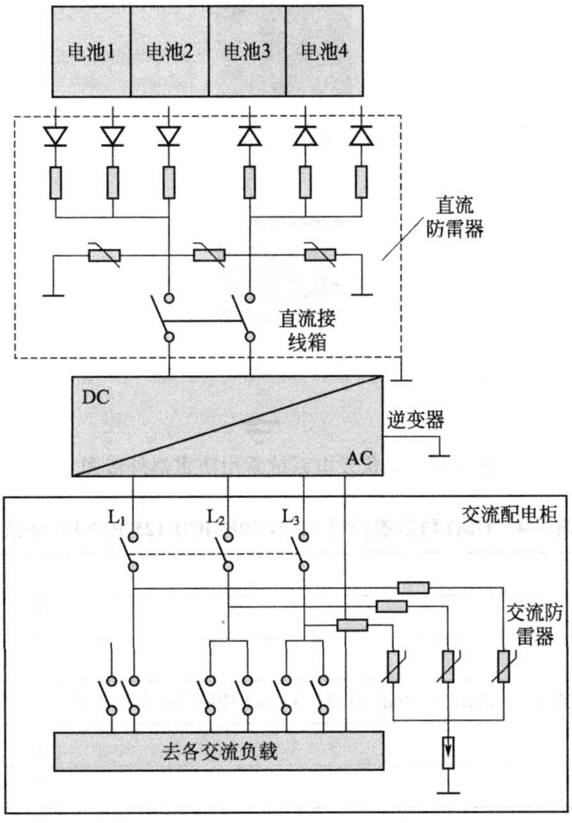

图 8-15　防雷器在太阳能光伏发电系统中的应用

地装置，其接地电阻不应大于其中最小值。

• 条件许可时，防雷接地系统应尽量单独设置，不与其他接地系统共用，并保证防雷接地系统的接地体与公用接地体在地下的距离保持 3m 以上。

③ 接地系统的材料选用

避雷针一般选用直径 12～16mm 的圆钢。如果采用避雷带，则使用直径 8mm 的圆钢或厚度 4mm 的扁钢。避雷针高出被保护物的高度，应大于等于避雷针到被保护物的水平距离，避雷针越高保护范围越大。

接地体宜采用热镀锌钢材，其规格一般为：直径为 50mm 的钢管，壁厚不小于 3.5mm：50mm×50mm×5mm 角钢或 40mm×4mm 的扁钢，长度一般为 1.5～2.5m。接地体的埋设深度为上端离地面 0.7m 以上。

引下线一般使用直径为 8mm 的圆钢。要求较高的要使用截面积为 $3mm^2$ 的多股铜线。

④ 防雷器的选型

防雷器也叫电涌保护器（Surge Protection Device，SPD）。光伏发电系统常用防雷器外形如图 8-16 所示。防雷器内部主要由热感断路器和金属氧化物压敏电阻组成，见图 8-17。另外，还可以根据需要，同 NPE 火花放电间隙模块配合使用。表 8-4 为 OBO 防雷器型号 MCD 50BMCD 125-B/NPE 参数。

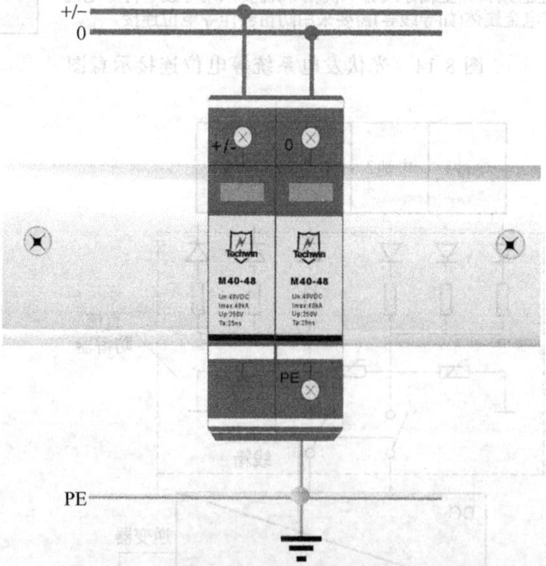

图 8-16 光伏发电系统常用防雷器外形图

表 8-4 OBO 防雷器型号 MCD 50BMCD 125-B/NPE 参数

型号	MC 125-B/NPE
标称电压 U_N	230V/50～60Hz
最大持续工作电压 U_C	255V
防雷器等级[按照 DIN VDE 0675 PART6(Draft 11.89)A1,A2-按照 IEC 60643-1]	B 类 I 类
雷电保护区	0～1
绝缘电阻	>100MΩ
电压保护水平	<2kV
响应时间	<100ns

续表

脉冲电流测试(10/350)(根据IEC62305-1规定的雷电流参数峰值电流电量单位)	50kA25AS0.63MJ/Ω
最大串联保险丝(仅在电网中无此保险丝时需)	500AGL/GG
短路耐受能力	25kA
温度适用范围	−40～+85℃
空气湿度	≤95%
IP等级	IP20
连接线截面积单股/多股/多股软线紧固扭矩至多N·m	10-50/10-35/10-25mmAWG8-2
轮廓尺寸	100mm×49.5mm×35mm
安装	卡接在35mm导轨上

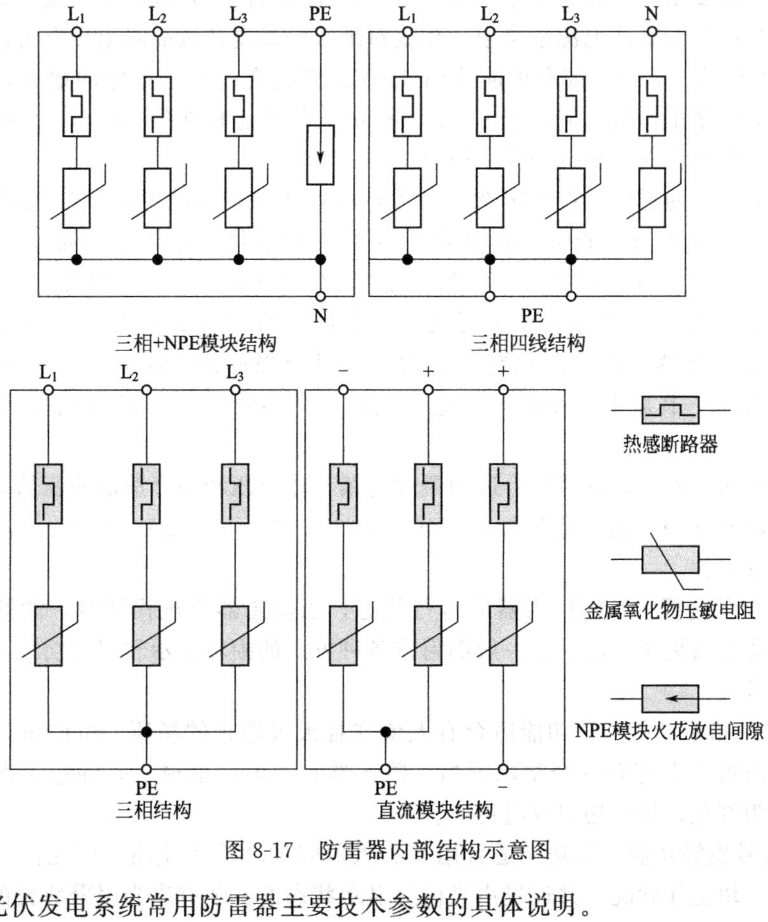

图8-17　防雷器内部结构示意图

下面是光伏发电系统常用防雷器主要技术参数的具体说明。

a. 最大持续工作电压（U_e）。该电压值表示可允许加在防雷器两端的最大工频交流电压有效值。在这个电压下，防雷器必须能够正常工作，不可出现故障。同时该电压连续加载在防雷器上，不会改变防雷器的工作特性。

b. 额定电压（U_n）。是指防雷器正常工作下的电压。这个电压可以用直流电压表示，也可以用正弦交流电压的有效值来表示。

c. 最大冲击通流量（I_{max}）。是指防雷器在不发生实质性破坏的前提下，每线或单模块对地通过规定次数、规定波形的最大限度的电流峰值数。最大冲击通流量一般大于额定放电电流的 2.5 倍。

d. 额定放电电流（I_n）。额定放电电流也叫标称放电电流，是指防雷器所能承受的 8/20μs雷电流波形的电流峰值。

e. 脉冲冲击电流（I_{imp}）。是指在模拟自然界直接雷击的波形电流（标准的 10/350μs 雷电流模拟波形）下，防雷器能承受的雷电流多次冲击而不发生损坏的电流值。

f. 残压（U_{res}）。是指雷电放电电流通过防雷器时，其端子间呈现出的电压值。

g. 额定频率（f_n）。是指防雷器的正常工作频率。

在防雷器的具体选型时，除了各项技术参数要符合设计要求外，还要特别考虑下列几个参数和功能的选择。

a. 最大持续工作电压（U_e）的选择。氧化锌压敏电阻防雷器的最大持续工作电压值（U_e），是关系到防雷器运行稳定性的关键参数。在选择防雷器的最大持续工作电压值时，除了符合相关标准要求外，还应考虑到安装电网可能出现的正常波动及可能出现的最高持续故障电压。例如在三相交流电源系统中，相线对地线的最高持续故障电压有可能达到额定工作电压交流 220V 的 1.5 倍，即有可能达到 330V。因此在电流不稳定的地方，建议选择电源防雷器的最大持续工作电压值大于 330V 的模块。在直流电源系统中，最大持续工作电压值与正常工作电压的比例，根据经验一般取 1.5～2 倍。

b. 残压（U_{res}）的选择。在确定选择防雷器的残压时，单纯考虑残压值越低越好并不全面，并且容易引起误导。首先不同产品标注的残压数值，必须注明测试电流的大小和波形，才能有一个共同比较的基础。一般都是以 20kA（8/20lμs）的测试电流条件下记录的残压值作为防雷器的标注值，并进行比较。其次，对于压敏电阻防雷器选用残压越低时，将意味着最大持续工作电压也越低，因此，过分强调低残压，需要付出降低最大持续工作电压的代价，其后果是在电压不稳定地区，防雷器容易因长时间持续过电压而频繁损坏。

在压敏电阻防雷器中，选择最合适的最大持续工作电压和最合适的残压值，就如同天平的两侧，不可倾向任何一边。根据经验，残压在 2kV 以下（20kA、8/20μs），就能对用户设备提供足够的保护。

c. 报警功能的选择。监测防雷器的运行状态，当防雷器出现损坏时，能够通知用户及时更换损坏的防雷器模块。防雷器一般都附带各种方式的损坏指示和报警功能，以适应不同环境的不同要求。

- 窗口色块指示功能　该功能适合有人值守且天天巡查的场所。所谓窗口色块指示功能就是在每组防雷器上都有一个指示窗口，防雷器正常时，该窗口是绿色，当防雷器损坏时，该窗口变为红色，提示用户及时更换。
- 声光信号报警功能　该功能适合用在有人值守的环境中使用。声光信号报警装置是用来检查防雷模块工作状况，并通过声光信号显示状态的。装有声光报警装置的防雷器始终处于自检测状态，防雷器模块一旦损坏，控制模块立刻发出一个高音高频报警声，监控模块上的状态显示灯由绿色变为闪烁的红灯。当将损坏的模块更换后，状态显示灯显示为绿色，表示防雷模块正常工作，同时报警声音关闭。
- 遥信报警功能　该遥信报警装置主要用于对安装在无人值守或难以检查位置的防雷器进行集中监控。带遥信功能的防雷器都装有一个监控模块，持续不断地检查所有被连接的防雷模块的工作状况，如果某个防雷模块出现故障，机械装置将向监控模块发出指令，使监控模块内的常开和常闭触点分别转换为常闭和常开，并将此故障开关信息发送到远程有相应的显示或声音装置上，触发这些装置工作。

• 遥信及电压监控报警功能　该遥信及电压监控报警装置除了上述功能外，还能在防雷器运行中对加在防雷器上的电压进行监控，当系统有任意的电源电压下降或防雷器后备保护空气开关（或保险丝）动作以及防雷器模块损坏等，远距离信号系统均会立即记录并报告。该装置主要用于三相电源供电系统。

8.3 光伏发电系统配置设计实例

下面介绍两个光伏发电系统的整体设计配置（技术方案）实例，供大家设计、选型和配置时参考。

(1) 某大厦采光廊架离网光伏发电系统设计方案

太阳能光伏建筑一体化（Building Integrated Photovoltaic，BIPV）是应用太阳能发电的一种新形式，简单地讲就是将太阳能光伏发电系统和建筑的围护结构外表面如建筑幕墙、屋顶等有机地结合成一个整体结构，不但具有围护结构的功能，同时又能产生电能供本建筑及周围用电负载使用，还可通过建筑物输电线路并网发电，向电网提供电能。光伏方阵与建筑的结合由于不占用额外的地面空间，是光伏发电系统在城市中广泛应用的最佳安装方式，因而备受关注。

某大厦采光廊架独立光伏发电系统就是太阳能光伏建筑一体化（BIPV）和太阳能光伏发电的具体示范和应用。该采光廊架屋顶共有 36 块 1200mm×1200mm 玻璃构成，总面积约为 $52m^2$，拟全部采用夹胶玻璃光伏组件构成，形成光电采光屋顶，达到既可以采光又能进行光伏发电的目的。

根据使用方要求，系统模式为带蓄电池储能的离网型光伏发电系统，所发电量主要供地下停车场及大厦周围夜间照明使用。

① 设计原则

本光伏发电系统设计配置以先进性、合理性、可靠性和高性价比为原则。大功率控制器、交流逆变器采用国产优质产品，蓄电池组选用国优产品或合资企业产品，光伏电池组件采用优质原材料及晶体硅电池片定制生产。

② 设计依据

a. 使用方提供的技术要求、图纸及施工现场考察情况。

b.《民用建筑电气设计规范》(JGJ 16—2008)。

c.《电气装置安装工程低压电器施工及验收规范》(GB 50254—1996) 和《电气装置安装工程电力变流设备施工及验收规范》(GB 50255—1996)。

d.《建筑玻璃应用技术规程》(JGJ 113—2003)。

e.《玻璃幕墙工程技术规范》(JGJ 102—2003)。

f.《地面用晶体硅光伏组件设计鉴定与定型》(GB/T 9535—1998)。

③ 系统配置构成及设计选型说明

该系统由夹胶玻璃光伏电池组件、蓄电池组、大功率光伏控制器及离网交流逆变器等组成。

a. 光伏电池组件的设计　本项目光伏电池组件容量的确定不是根据计划用电量来计算，而是根据现有玻璃屋顶的面积，在不影响采光的前提下，看看能排布多少电池片，然后根据排布的电池片数量及其转换效率来确定整个电池方阵的总容量（功率）。排布电池片时还要考虑图案的美观和整体的协调，电池片的遮盖面积不能超过总面积的50%。经过设计和计算，决定采用夹胶玻璃光伏电池组件，由厚度为5mm的低铁超白钢化玻璃和厚度为8mm的普通钢化玻璃及125mm×125mm单晶硅光伏电池片采用特殊工艺压合制作而成，其中5mm玻璃放在电池片的受光面。这种组件具有强度高、抗老化、寿命长、功率衰减小等特点。根据使用方要求设计了光伏电池片排布方式，每块组件排布36片电池片，排布如图8-18所示。每块组件的设计功率为约80W，峰值输出电压8.5V。设计36块组件，18块串联2串并联连接组成方阵，计算最大输出功率为80W×36（块）＝2880W。因采光屋顶与地平面平行，倾斜角为零，故实际最大输出功率为2880W×0.93＝2.68kW，方阵峰值输出电压为8.5V×18（块）＝153V，基本满足直流110V逆变器允许输入电压的范围要求。当这个电压不符合逆变器输入电压范围要求时，要重新考虑方阵组件的串并联方式，或重新选择输出功率合适的24V、48V逆变器进行设计计算。方阵峰值输出电流为2680W/153V＝17.5A。

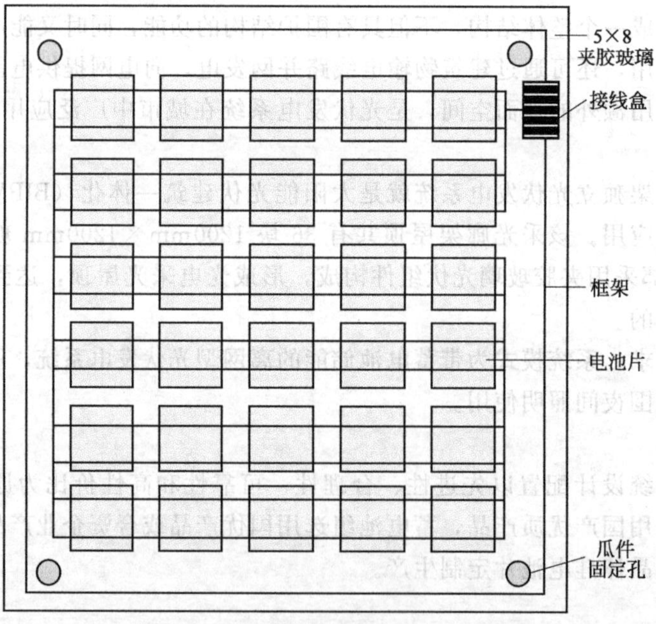

图 8-18　夹胶玻璃电池组件排布示意图

b. 大功率光伏控制器的选型　根据光伏电池方阵的技术参数，需要选择一款额定直流工作电压110V，额定输入电流大于17.5A，且电池方阵输入路数≥2的光伏控制器。这里选用合肥阳光的大功率控制器SD11050，该控制器额定工作电压110V，额定输入电流50A，电池方阵输入路数6路，符合使用要求。

c. 离网型交流逆变器的选型　离网型交流逆变器需要选择一款额定直流输入电压110V，额定输入电流大于17.5A，交流额定容量大于组件最大发电容量，即大于2.68kW。根据产品手册提供的参数，选用合肥阳光的SN1103KS型离网逆变器符合设计要求。该逆变器的额定直流输入电压为110V，额定直流输入电流为30A，允许输入电压范围为99～150V，交流输出额定容量为3kV·A，交流额定输出功率为2.4kW。

d. 蓄电池组的容量计算及组合　根据光伏方阵的实际最大输出功率和建设地的峰值日照时数，可以计算出光伏方阵的日平均发电量。以峰值日照时数为4.8h为例，该系统日平均发电量为2.68kW×4.8=12.86kW·h。可以供500W负载连续工作24h，1000W的负载连续工作12h或2000W负载连续工作6h。考虑到该系统主要是为地下停车场及大厦周围夜间照明使用，按照1000W负载连续工作12h，并保证连续3个阴雨天正常工作来计算蓄电池容量。应用蓄电池容量计算公式计算：

$$蓄电池容量=\frac{负载日平均用电量(A\cdot h)\times 连续阴雨天数\times 放电率修正系数}{最大放电深度\times 低温修正系数}$$

在此选用放电深度50%的铅酸蓄电池，放电率修正系数选0.95。由于蓄电池使用环境温度最低为0℃，所以低温修正系数也选0.95，计算：

负载日平均用电量(A·h)=(1000W×12h)/220V=54.5A·h

蓄电池容量=54.5×3×0.95/(0.5×0.95)=327A·h

根据计算结果，直接选用2V/400A·h蓄电池55块，串联后得到110V/400A·h蓄电池组，可以满足系统要求。

e. 系统的主要配置一览表如表8-5所示。

表8-5 系统配置表

序号	名 称	规格技术参数	数 量
1	夹胶玻璃光伏电池组件	80W/8.5V 发电功率2.68kW	18块×2串
2	蓄电池组	2V/400A·h免维护铅酸蓄电池	55块(55块×1串)
3	大功率光伏控制器	110V/50A	1
4	光伏交流逆变器	110V直流变220V交流,功率3kW	1
5	专用连接线,配电箱等		1套

因为这个光伏发电系统功率较小，配置和连接都不复杂，可以免去直流接线箱，将两路输入直接接到光伏控制器上。交流配电柜也很简单，可以考虑加装一级交流防雷器。因该采光廊架紧靠大厦，所以不需要考虑避雷的问题。

(2) 100kW并网光伏发电系统设计方案

① 系统的主要构成

100kW太阳能光伏并网发电系统的主要构成如下。

a. 光伏电池组件方阵。

b. 光伏电池方阵支架及基础。

c. 直流侧汇流箱及直流防雷配电箱。

d. 光伏并网逆变器。

e. 交流防雷配电系统（配电柜、配电室）。

f. 监控测量和计量系统。

g. 整个系统的连接线以及防雷接地装置等。

② 系统的主要配置说明

a. 光伏电池组件　系统选用功率为180W的光伏电池组件，其峰值输出电压为34.5V，开路电压为42V，共配置576块，采用16块电池组件一组进行串联为一个光伏方阵，共配置36个光伏方阵（要求方阵朝向一致），电池组件总功率为103.68kW。

b. 光伏并网逆变器　设计分成2个50kW并网发电单元，总设计功率100kW。选用合肥阳光电源有限公司SG50K3并网逆变器2台。

c. 直流侧汇流箱及直流防雷配电箱　为了减少电池组件与逆变器之间的连接线，以及日后的维护方便，建议在直流侧配光伏方阵防雷汇流箱（简称“汇流箱”）。该汇流箱为 6 进 1 出，即将 6 路光伏阵列汇流成 1 路直流输出，每个 50kW 逆变器需要配置汇流箱 3 台。

光伏阵列经过汇流箱汇流输出后通过电缆接至配电房，经直流防雷配电箱分别输入到 SG50K3 逆变器中，系统需要配置 2 台直流防雷配电柜，每个配电柜按照 1 个 50kW 直流配电系统进行设计，直流输出分别接至 SG50K3 逆变器。2 台逆变器的交流输出再经交流开关配电柜接至电网，实现并网发电功能。

d. 监控测量和计量系统　该系统应配置 1 套通信监控测量装置，通过 RS485 或 Ethernet（以太网）通信接口，可实时监测并网发电系统的工作状态和运行数据，内部保存的数据记录可供给专业技术人员进行系统的分析。

e. 防雷接地装置　根据整个系统情况合理设计接地装置及防雷措施。

③ 光伏并网逆变器性能特点及技术参数（略）

④ 系统设计说明

a. 电池组件的串并联设计　根据并网逆变器的 MPPT 电压范围，经过计算，逆变器的串并联数量设计如表 8-6 所示。

表 8-6　逆变器配置

逆变器		每台逆变器对应的电池组件	
型号	数量	串并联	数量
SG50K3	2 台	16 串 18 并	288 块

电池组件串联而成，如图 8-19 所示。

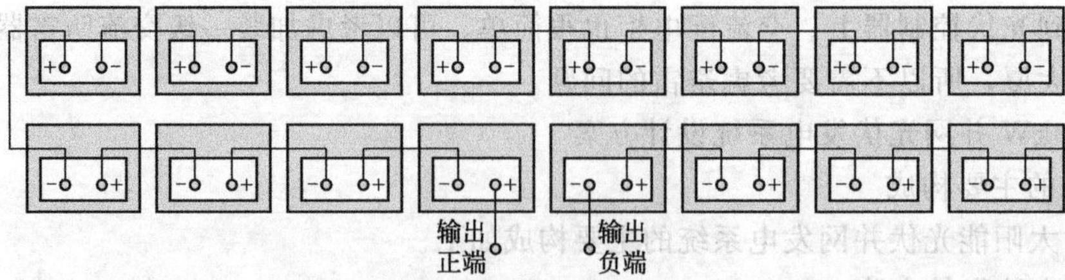

图 8-19　串联组件方阵连接示意图

b. 光伏并网系统电气设计框图及描述　如图 8-20 所示。

c. 光伏阵列防雷汇流箱　其主要性能特点如下。

- 外壁挂式安装，防水、防锈、防晒，能够满足户外要求。
- 可同时接入 6 路光伏阵列，每路光伏阵列的最大允许电流 10A。
- 光伏阵列的最大允许开路电压值为 900V。
- 每路光伏电池串列，配合光伏专用高压直流熔丝进行保护，其耐压值不小于 1000V。
- 直流输出母线的正极对地、负极对地、正负极之间配有光伏专用高压防雷器。
- 直流输出母线端配有可分断的直流断路器。光伏方阵防雷汇流箱的电气原理如图 8-21所示。

d. 监控测量和计量系统　采用高性能工业控制 PC 机作为系统的监控主机，配置光伏并网系统多机版监控软件，采用 RS485 通信方式，连续每天 24h 不间断对所有并网逆变器的

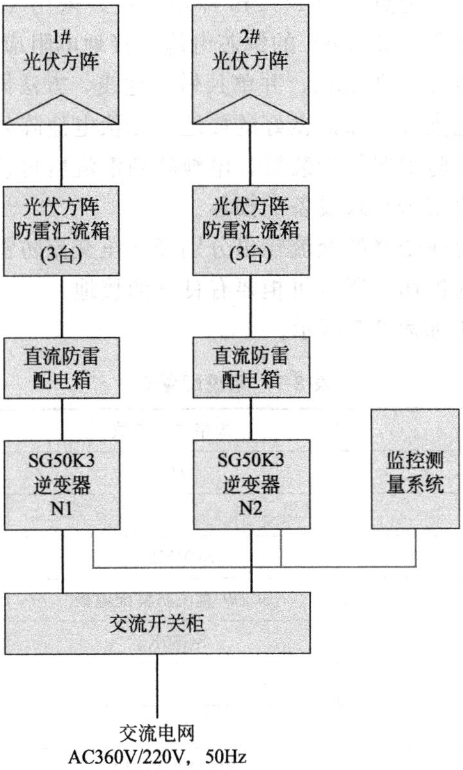

图 8-20　光伏并网系统电气设计框图

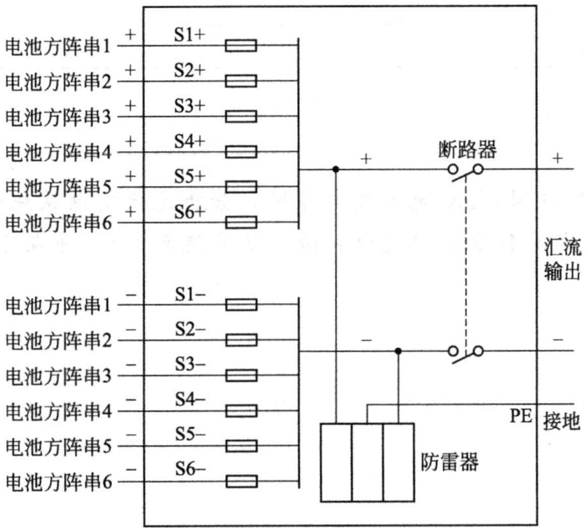

图 8-21　光伏方阵防雷汇流箱的电气原理图

运行状态和数据进行监测。

e. 系统防雷接地装置　为了保证光伏并网发电系统安全可靠，防止因雷击、浪涌等外在因素导致系统器件的损坏等情况发生，系统的防雷接地装置必不可少。系统的防雷接地装置措施有多种方法，主要有以下几个方面供参考。

地线是避雷、防雷的关键，在进行配电室基础建设和光伏电池方阵基础建设的同时，选择电厂附近土层较厚、潮湿的地点，挖1～2m深地线坑，采用40mm扁钢，添加降阻剂并引出地线。引出线采用截面积为$35mm^2$的铜芯电缆，接地电阻应小于4Ω。

在配电室附近建一避雷针，高15m，并单独做一地线，方法同上。

直流侧防雷措施。电池支架应保证良好的接地，光伏电池阵列连接电缆接入光伏阵列防雷汇流箱，汇流箱内含高压防雷器保护装置，电池阵列汇流后再接入直流防雷配电柜，经过多级防雷装置可有效地避免雷击导致设备的损坏。

交流侧防雷措施。每台逆变器的交流输出分别经低压交流防雷接入电网，可有效地避免雷击和电网浪涌导致设备的损坏，所有机柜要有良好的接地。

f. 系统主要配置　清单如表8-7所示。

表8-7　系统配置表

序号	设备名称	规格技术参数	数量
1	光伏电池组件	180W	576块
2	电池组件安装支架		1套
3	光伏阵列防雷汇流箱	SPVMB-6	6台
4	直流防雷配电柜	50kW直流防雷配电柜	2台
5	光伏并网逆变器	SG50K3	2台
6	交流开关柜		1台
7	监控软件	SPS	1
8	监控测试主机	EBOX746-EFL	1
9	液晶电池		
10	基础设施及防雷接地装置		
11	系统连接电缆线		

思考题

1. 观察及实测校园8kW光伏发电系统，分析光伏发电系统的可行性。

2. 设计一个2kW独立光伏发电系统（交直流系统），并在2kW家用独立光伏发电系统中实施。

项目 9

RETScreen 软件应用

[学习目标]

知识目标	能力目标
掌握 RETScreen 可行性分析原理	能下载安装 RETScreen； 能完成能源模型初始化、能源模型分析、成本分析模型设计、减排量分析、财务分析等工作表设置与分析

[案例提示]

光伏电站的建设首要任务就是分析该电站建设的成本及可行性。

9.1 认识 RETScreen

[任务目标]

掌握 RETScreen 在光伏发电项目模型中的应用及主要分析过程。

[任务描述]

在前面的学习过程中，已经掌握了光伏发电系统各部件的主要功能和设计要求。在一个光伏发电系统中，要综合各个部件的功能，才能实现光伏发电系统的整体功能。

[任务实施]

(1) RETScreen 光伏模型

RETScreen 是一种基于 Excel 的清洁能源项目分析软件工具，可帮助决策者快速而轻松地确定潜在可再生能源、节能和热电联产项目的技术和财务可行性，可以为不同类型的节能和可再生能源工程的能源产量、周期成本以及温室气体的减排做出评估。

RETScreen 光伏项目模型能在世界范围内，方便地评估三个基本光伏应用（并网、离网和排水）的能源产量、寿命期成本和温室气体减排。对于并网的应用，模型可以用来评估中枢电网和独立电网的光伏系统。对于离网的应用，模型可以用来评估独立光伏系统（光伏-蓄电池）和互补光伏系统（光伏-蓄电池-柴油发电机）。对于排水的应用，模型可以用来评估光伏排水系统。

光伏项目模型包括 6 个工作表（能量模型，太阳能资源和系统负荷计算，成本分析，温室气体排放降低分析，财务概要和敏感性与风险分析）。

（2）RETScreen 光伏模型分析流程

在应用 RETScreen 来分析光伏项目模型时，首先完成能量模型、太阳能资源和系统负荷计算，然后进行成本分析和财务分析。温室气体减排分析和敏感性与风险分析是可选项。温室气体减排分析可以使用户计算所提议项目的温室气体减排评估。敏感性分析可以帮助用户评估当主要经济、技术参数变化时项目主要经济指标的变化敏感性。一般来讲，用户从上到下使用工作表，这个过程可能会重复几次才能达到最佳的能源应用与成本合理化的搭配。

（3）RETScreen 下载与安装

RETScreen 清洁能源项目分析软件是世界领先的清洁能源决策软件。它是由加拿大政府完全免费提供，作为加拿大对处理气候变化以及减少污染承认需采取的综合方法之一。该软件可以从 http：//www. retscreen. net 网站中获取。

RETScreen 成套软件下载并在电脑上运行需要安装两个独立程序：RETScreen 4 和 RETScreen Plus。RETScreen 4 是一种基于 Excel 的清洁能源项目分析软件工具，可帮助决策者快速而轻松地确定潜在可再生能源、节能和热电联产项目的技术和财务可行性。RETScreen Plus 是一种基于 Windows 的能源管理软件工具，可让项目业主很容易验证其设施的持续能源效益。

系统要求如下。

① Microsoft® Excel 2003 或更高版本。

② Microsoft® Windows XP 或更高版本。

③ Microsoft® .NET Framework 4 或更高版本。

注意，必须安装完整个人资料（Full Profile）版本，而不只是 Microsoft® .NET Framework 4 的客户端配置文件（Client Profile）版本。

9.2 RETScreen 光伏模型中的应用

9.2.1 能源模型初始化

运行 RETScreen 分析软件，首先进入的是能源模型表初始化设置，如图 9-1 所示。

（1）能源模型确定

能源模型确定是清洁能源项目分析操作的第一步。如要分析光伏发电模型，应该在“项目信息”中点击“见项目数据”内容，弹出能源分析模板。在模板中可选择“项目类型”为电力，类型为“光电”，项目名称“100 千瓦”或“0.4 千瓦－离网”的模板，即离网与并网模板。

（2）项目名称

当能源模型确定后，项目名称默认能源模板名称，可修改。

（3）项目类型

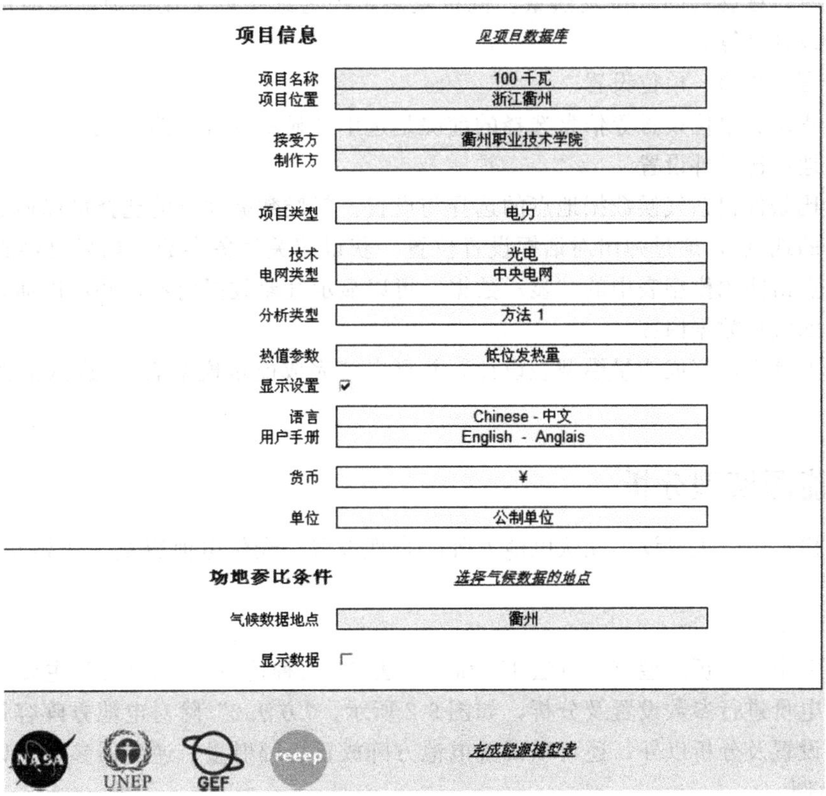

图 9-1 能源模型表

下拉菜单可选择节能措施、电力、供热、热电、冷电等内容。对于一个光伏发电系统模型分析，可选择“电力”或“电力-多种技术”。如选择“电力”，表示该模型中就一种光伏供电模式；如选择“电力-多种技术”，表示除光伏供电以外，还有其他电力类型，组成微网。

(4) 技术

技术下拉菜单中有地热、风力发电机、光电、燃料电池、水力发电机、太阳能热电等选择内容，选择“光电”技术。技术菜单栏显示前提是项目类型栏目选择“电力”内容。

(5) 电网类型

电网类型菜单中有中央电网、中央电网与内部负荷、独立电网、独立电网与负荷、离网等选择内容。“中央电网”模型适用于光伏并网发电系统（光伏发电全部输入电网）；“独立电网”模型适用于分布式发电系统；“离网”模型适用于没有和电网相关的光伏发电系统。

(6) 分析类型

分析类型有两种类型选择，两种所分析内容基本一样。方法 1 把所有分析内容统一到一张表格中进行分析，而方法 2 把模型分析表分成了能源模型、成本分析、排放量分析、财务分析和风险分析等独立工作表进行分析。

(7) 热值参数

热值参数下拉菜单有低位发热量和高位发热量选择内容。单位质量的燃料在完全燃烧时所发出的热量，称为燃料的发热量。高位发热量是指 1kg 燃料完全燃烧时放出的全部热量，包括烟气中水蒸气已凝结成水所放出的汽化潜热。从燃料的高位发热量中扣除烟气中水蒸气的汽化潜热时，称燃料的低位发热量。低位发热量因为最接近工业锅炉燃烧时的实际发热量，常用于设计计算。

(8) 语言、货币、单位设置

语言、货币、单位设置等信息选择的前提是选中“显示设置”选项栏。

(9) 场地参比条件设置

场地参比条件包括气候数据地点的选择与设置。气候数据地点的选择可以通过点击“选择气象数据的地点”，通过弹出对话框设置位置，获得相关气象参数。如果已经选择气象数据的地点，点击能源模型表中的“显示数据”可以显示气象数据内容，并可以通过数据录入操作获得新的气象数据内容。

通过以上操作，完成能量模型表设计，并点击“完成能量模型表”，进入能源模型的项目分析页面。

9.2.2 能源模型分析

在分析模型中，主要设置光伏电池方阵的合理放置、光伏电池容量、变频器（逆变器）等参数。

(1) 分析类型

在此模型中，分析类型有“方法 1”和“方法 2”两种选择。“方法 1”主要对电池方阵容量及上网电价进行参数设置及分析，如图 9-2 所示。“方法 2”除对电池方阵容量及上网电价进行参数设置及分析以外，还可以设置电池方阵放置、辐射量、逆变器参数。以下说明以“方法 2”为例。

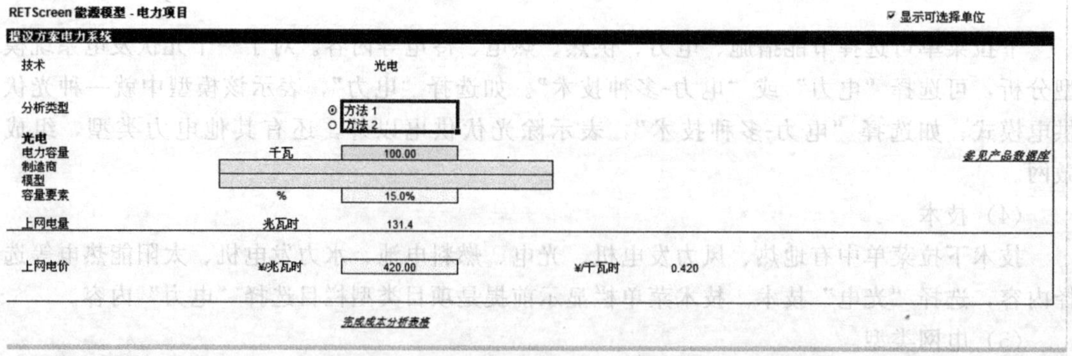

图 9-2 能源模型

(2) 资源评估

资源评估栏目能对太阳能跟踪方式、倾斜角、方位角以及上网电价进行设置。

跟踪方式下拉菜单由固定窗、单轴、双轴、方位角等跟踪方式。

斜度为电池方阵与水平面的夹角度。如果跟踪方式选择双轴跟踪，此内容不可选择。

方位角为直照射到方阵表面上的光线在水平地面上的投影与当地子午线间的夹角，并朝正南方向标出零点。最佳电池方阵应该正对赤道，赤道上方位角在北半球是 0°，而在南半球是 180°。对于直接安装在建筑物屋顶上的光伏方阵，其方位角等于屋顶的方位角，这种安装方式应尽可能正对赤道。例如，在北半球的光伏方阵面朝西南方向将有一个 45°的方位角，如果方阵是双面的，则需要计算方位角绝对值。例如，如果一面是面南偏西 30°（+30°），另外一面是面南偏东 60°（−60°），方位角绝对值为 45°；如果一面是偏东 90°

（－90°），另外一面是偏西 90°（＋90°），方位角绝对值为 90°。

上网电价为光伏发电电量输入电网的收购价格。

（3）光电

光电模块中包括电池类型、电力容量、转换效率、杂项损失等参数设置。

电池类型下拉菜单可选择单晶硅、多晶硅、非晶硅等电池类型。

效率为选择的电池类型的光电转换效率。一般单晶硅在 16％以上，多晶硅 15％以上。

太阳能收集器面积为光伏电池方阵的占地面积。此内容由系统计算得到。

杂项损失指光伏电池由于灰尘、雪、固定遮挡的损失。例如光伏电池的灰尘及雪遮挡损失约 4％，弱光损失约 5％，其他杂项损失约 5％。

（4）变频器（逆变器）

逆变器模块包括了逆变器效率、容量、杂项损失等内容。

逆变器效率指逆变器输出端与输入端的能量比。目前大型并网光伏发电项目中，逆变器效率达到 97％。

容量指逆变器的转换功率，其和光伏电池方阵容量配套。

（5）概要总结

概要总结模块数据由模型计算得到。

9.2.3 成本分析模型设计

成本分析模型是对光伏电站的建设成本进行模拟。成本分析包括初期成本、年成本、周期性成本分析。初期成本包括光伏电站的可行性研究、项目开发、项目工程、电力系统、配套系统设备、运行维护等内容。成本分析模型界面如图 9-3 所示。

（1）成本分析工作表设置

成本分析工作表设置方式有“方法 1”和“方法 2”两种。“方法 1”的特点是对各项成本进行统一、模糊的统计，不需要进行单项分析。而“方法 2”将对各项成本进行详细的成本分析。例如选择“方法 2”，在可行性研究栏目中将被分为现场调查、资源评估、环境评估、初步设计、详细成本估算、温室气体基准研究和监测计划、报告准备、项目管理、出差和住宿等详细栏目。

在成本分析工作表设置中，还有对工作表数据状态进行备注的设置，其种类有“注意/范围”、“第二种货币”、“成本分配”等类型。点击“注意/范围”，工作表中将设置备注内容，用户可在此输入相关关键信息。点击“第二种货币”，将进行第二种货币的选择，并可设置汇率，方便不同群体用户沟通。

（2）可行性研究成本

可行性研究成本包括了现场调查、资源评估、环境评估、初步设计、详细成本估算、温室气体基准研究和监测计划、报告准备、项目管理、出差和住宿及用户自定义等成本。

（3）开发成本

开发成本包括合同谈判、允许和批准、场地概况及土地权益、温室气体的确认和登记、项目融资、法律和会计、项目管理、出差和住宿及用户自定义等成本。

（4）工程成本

工程成本包括场地及建筑物设计、机械设计、电力设计、市政设计、招标及合同、建设监督及用户自定义等成本。

RETScreen 成本分析 - 电力项目

设置

◉ 方法 1　　○ 注意/范围
○ 方法 2　　○ 第二种货币
　　　　　　◉ 成本分配

初期成本（信用额）	单位	数量	单位成本	数量	相对成本	%	数量
可行性研究							
可行性研究	成本	1	¥ 20,000	¥ 20,000			¥ -
小计:				¥ 20,000	1.7%	0%	¥ -
开发							
开发	成本	1	¥ 10,000	¥ 10,000			¥ -
小计:				¥ 10,000	0.9%	0%	¥ -
工程							
工程	成本			¥ -			¥ -
小计:				¥ -	0.0%	0%	¥ -
电力系统							
光电	千瓦	100.00	¥ 5,000	¥ 500,000		100%	¥ 500,000
道路建设	千米	1	¥ 1	¥ 1			¥ -
传输线	千米	2,000	¥ 10	¥ 20,000			¥ -
分站	项目	1	¥ 1	¥ 1			¥ -
节能措施	项目	1	¥ 1	¥ 1			¥ -
用户自定义	成本	1	¥ 500,000	¥ 500,000		1000%	¥ 5,000,000
				¥ -			¥ -
小计:				¥ 1,020,003	87.7%	539%	¥ 5,500,000
配套系统设备及其他							
备件	%			¥ -			¥ -
运输	项目			¥ -			¥ -
培训和任务分派	每天			¥ -			¥ -
用户自定义	成本			¥ -			¥ -
不可预见的费用	%	10.0%	¥ 1,050,003	¥ 105,000			¥ -
建设期间的利息	8.00%	2 月	¥ 1,155,003	¥ 7,700			¥ -
小计:				¥ 112,700	9.7%	0%	¥ -
初始成本总计				¥ 1,162,703	100.0%	473%	¥ 5,500,000

年成本（信用额）	单位	数量	单位成本	数量	%	数量
运行及维护						
零件和劳动力	项目			¥ -		¥ -
用户自定义	成本			¥ -		¥ -
不可预见的费用	%		¥ -	¥ -		¥ -
小计:				¥ -	0%	¥ -

周期性成本（信用）	单位	年	单位成本	数量	%	数量
用户自定义	成本			¥ -		¥ -
				¥		¥ -
项目寿命期末（残值）	成本			¥		

打开排放量分析表

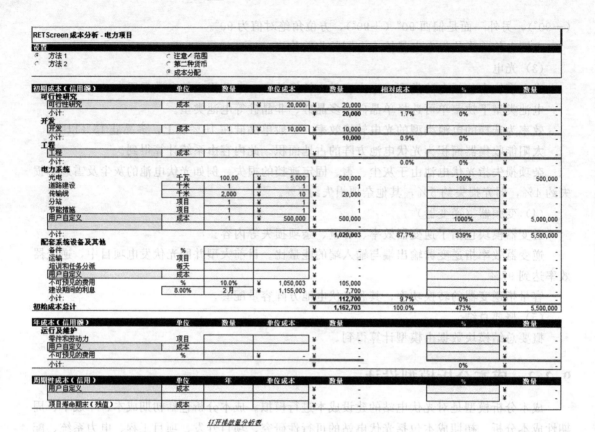

图 9-3　成本分析模型界面

（5）电力系统成本

电力系统成本包括光电、道路建设、传输线、分站、节能措施及用户自定义等成本。

（6）配套系统设备及其他设备成本

配套系统设备及其他设备成本包括了输送设备、准备设备、储藏设备、分配设备、建筑和场地建设、备件、运输、培训和任务分派及用户自定义等成本。

（7）年成本（信用额）分析

年成本（信用额）分析主要对光伏电站的运行及维护年度成本进行分析，包括了土地的租赁和资源的出租、土地及房产税、保险费、零件和劳动力、温室气体监测和验证、社区利益、综合及管理的、用户自定义及不可预见的成本分析。

（8）周期性成本（信用）分析

周期性成本指的是可预计的一年或近几年的其他成本。

9.2.4　减排量分析

减排量分析是对该光伏电站年减排量进行分析。该模型分析方法有“方法 1”、“方法 2”和“方法 3”三种。方法 1 是一种简单的减排量分析模型，其以不同国家、不同燃料类型为基准线，折合出温室气体排信用放因子，计算该光伏电站的减排量，如图 9-4 所示。

减排量分析模型包括了对基准方案电力系统（基准线）、基准方案参照系统温室气体概述（基准线）等内容分析与设置。

基准方案电力系统 (基准线)

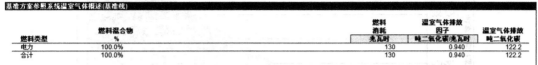

国家 - 地区	燃料类型	温室气体排放因子(不含传输和分配) 吨二氧化碳/兆瓦时	传输和分配损失 %	温室气体排放因子 瓦时
中国	煤	0.893	5.0%	0.940

□ 项目期间基准线改变

基准方案参照系统温室气体概述(基准线)

燃料类型	燃料混合物 %	燃料消耗 兆瓦时	温室气体排放因子 吨二氧化碳/兆瓦时	温室气体排放 吨二氧化碳
电力	100.0%	130	0.940	122.2
合计	100.0%	130	0.940	122.2

提议方案系统温室气体概述 (电力项目)

燃料类型	燃料混合物 %		传输和分配损失	燃料消耗 兆瓦时	温室气体排放因子 吨二氧化碳/兆瓦时	温室气体排放 吨二氧化碳
太阳能	100.0%			130	0.000	0.0
合计	100.0%			130	0.000	0.0
上网电量	兆瓦时	130	2.0%	3	0.940	2.4
					合计	2.4

温室气体减排总结

	基准方案温室气体排放 吨二氧化碳	提议方案温室气体排放 吨二氧化碳			温室气体年减排量总额 吨二氧化碳	温室气体减排额交易费 %	温室气体年减排量净值 吨二氧化碳
电力项目	122.2	2.4			119.8	2%	117.4
年温室气体减排净值	117	吨二氧化碳	等于	10.8	吸收碳的森林面积 (公顷)		

...财务分析...

图 9-4　减排量分析

（1）基准方案电力系统（基准线）设置

该工作表中，主要对电站建设国家、燃料类型、温室气体排放因子、系统传输和分配损失进行设置，得到温室气体排放因子，为后续的温室气体排放二氧化碳计算做准备。

其中：（项目）温室气体排放因子＝温室气体排放因子（不含传输和分配）＋传输和分配损失。

（2）基准方案参照系统温室气体概述（基准线）

该工作表由分析软件计算得到：

温室气体排放二氧化碳(吨)＝燃料消耗(光伏电站年发电量)×温室气体排放因子

（3）提议方案系统温室气体概述（电力项目）

该工作表主要计算光伏电站在系统及线路传输和分配过程中损失电量所对应的温室气体排放二氧化碳量。其中传输和分配的损失率可由用户设置。

（4）温室气体减排总结

该工作表计算光伏电站年温室气体总排放量。公式如下：

温室气体总排放量＝(基准方案参照系统温室气体－提议方案系统温室气)×(1－温室气体减排信用额交易费率)

9.2.5　财务分析

财务分析主要包括财务参数、年度收入、项目成本和节余/收入总结、经济可行性、年现金流等内容。图 9-5 为累计现金流量图。

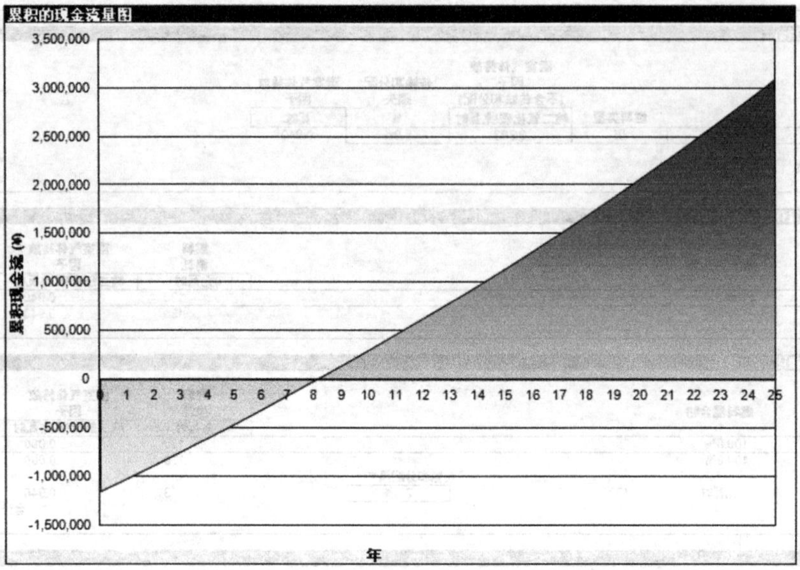

图 9-5 累计现金流量图

(1) 财务参数

财务参数是对系统概述、财务、所得税分析进行设置并分析。概述内容由能源成本上升速率、通货膨胀率、折现率、项目寿命期组成。财务内容主要由奖励和赠款、负债比率、项目债务、项目股本金、债务利率、负债期、债务偿还等组成。所得税分析内容主要由有效的所得税税率、亏损、折旧方法、折旧率、免税期限等内容组成。

(2) 年度收入

年度收入是对该电站一年内电力外销、温室气体减排等收入进行统计与分析。电力外销收入主要由上网电量、上网电价、电力外销收入、电力外送增长率等内容组成。温室气体减排收入主要由温室气体减排净值、温室气体减排净值、温室气体减排信用额价格、温室气体减排收入、温室气体减排信用额（交易）持续时间、温室气体减排信用额价格的上涨速率、客户额外费用收入（回扣）等内容组成。

(3) 项目成本和节余/收入

项目成本和节余/收入工作表将对前面所做的成本分析进行计算，得到初始成本、年度成本和债务偿还、年节余和收入等内容。

(4) 经济可行性

经济可行性将从电站建设成本及盈利角度出发，分析该电站建设是否可行。其中包括对税前内部收益率、税前内部收益率、税后内部收益率、税后内部收益率、简单偿还期、股本回报、净现值（NPV）、年周期节余、收益、债务偿还保证率、能源产出成本、温室气体减排成本进行计算。

参考文献

[1] 李钟实. 太阳能光伏发电系统设计施工与维护 [M]. 北京：人民邮电出版社，2010.
[2] 王长贵，王斯成. 太阳能光伏发电实用技术 [M]. 北京：化学工业出版社，2009.
[3] 沈辉，曾祖勤. 太阳能光伏发电技术 [M]. 北京：化学工业出版社，2005.
[4] 赵争鸣，刘建政. 太阳能光伏发电及其应用 [M]. 北京：化学工业出版社，2005.
[5] 李安定，吕全亚. 太阳能光伏发电系统工程 [M]. 北京：化学工业出版社，2012.